イヴレスの仕事

名前の無いカタチ 肩書の無いデザイン

●

山川景子
with
週刊ホテルレストラン

WORKS of IVRESSE

Since 1990

SHAPES THAT HAVE NO NAME, DESIGNS THAT HAVE NO TITLE

オータパブリケイションズ

ようこそ、イヴレスの世界へ。

ROYAL PARK HOTELS

Photo : Gianni Hiraga

CONTENTS

WORDS of IVRESSE

●この本で紹介されている製品サイズの単位は、すべてミリメートルで表示しています。
アルファベットの表記は、W＝幅、D＝奥行、H＝高さ、L＝長さ、t＝厚みを表します。

何も無いから作ってしまおう！そう思い立って書籍作りが始まった。

山川 景子

それは、自分自身が行って来た25年の仕事を「記録」として残したかったという欲望と、「出会い」への感謝の想いだった。

パイオニアと言えば格好いいが、現実は、常に迷走だった。苦戦の時期も長かった。

いつになったら春が来るんだろうかと、思い悩んでいたときもあった。

それでもこうして多くの作品が残っているのは、「いつかきっと」という強い気持ちと、多くの出会いがあったから。

かけがえの無い財産を積み重ねた私は、その出会いの瞬間を内包している自分に気づきだした。

時代は流れ、出会う環境や世代、仕事も大きく変遷して行った。

しかし、自分の中では、いつも同じ出会いへの感謝があり、自分を映す鏡となった。

自分が変われば、出会いも変わる。そうして、新たな出会いが途切れることなく繰り返された。

今回の書籍作りに関しても、『週刊ホテルレストラン』編集部の皆様と、出版を後押ししてくれたオータパブリケイションズの太田進社長、そして、村上実専務がいなければ実現できなかった。

本の袖にそっと、「イヴレスのユニークな組織論やクリエイティブについての独自の発想がキラ星のごとくちりばめられている」という村上専務の記述を見たとき、私の気持ちが一気に晴れやかになった。

曇り空が当たり前と思っていた自分の人生に、突然の「キラ星」。何という不思議が舞い降りたのだろう。私は感慨深く自分自身を振り返った。

出会いは宝物。

独身の頃は、よくバーに繰り出した。今風に言うなら、「お一人様飲み」である。

早々に起業した私は、周囲の人たちと仕事のリズムや考え方そのものが違っていた。気づけば、時間を共有できる友人が一人もいなくなっていた。

女性は25歳にもなれば結婚するもの。そんな時代に育ち、世間からは、破天荒に見えていたかも知れない。

よく飲み、よく食べる。カウンターのお店が好きだった。大阪南船場のバールへは、毎晩のように訪れていた。扉を開ける前からにんにくの匂いが外に漏れ、食欲をそそった。最初はビール、そして、ワインへと飲み変えて行く。何年同じ暮らしをしているのだ？と自分でも笑ってしまうことがあった。一人暮らしを好みながら、一人の部屋が寂しかったのだ。

調子に乗って、そのままミナミの街に繰り出し、ちょっと背伸びして、大人のバーにも訪れた。カウンターで出会ったオジサンは数知れず。関西を拠点に活動されていた多くのアーティストの先生と横並びに会話し、飲ませてもらった。楽しかった。

常連客と思っていただけていたかは不明だが、私の中では、よく出かけた記憶がある。

名前も仕事も知らない、ただ顔馴染みのオジサンが大勢いた。オジサンはみんな元気だった。普通の会話を聞いているだけで、宇宙的な発想と驚くことが多かった。未来を描け、楽しみにできた世代だったのかも知れない。

しかし、出会ってもずっと顔馴染みでいられるわけではない。タイミングが合えば、また会えるが、その時限りで、会えなくなってしまう人も少なくなかった。

そんなオジサンの中に、グラフィックデザイナーの新里一裕さんがいた。大手企業のカレンダーや、有名美術館の作品集、街のブランディングなど、実績を伺うだけでくらくらした。

イヴレス苦戦のころには、図々しくオフィスまで押しかけ、「先生！」と声を上げ、ご馳走してもらえるのを待っていた。最後に告げる「ありがとう」の一言で、本当によくしていただいた。当時話題となった多数のレストラン巡りができたのは、そんな新里さんの投資？があったから。私だけではない、多くの若者が新里さんを慕い、オフィスを訪ねていた。それは、今も同様と思う。分厚い木の商談テーブルを囲み、雑談は続いた。図書館のように書物が並び、勝手に取り出しては新刊書を楽しんだ。「営業妨害だ！」と叱られることもあったが、基本は心温かいオジサンだった。

現在のイヴレスのロゴを考えて下さったのも新里さんだ。「苦戦を乗り切り、V字回復を祈る」と、IVRESSEのVの字を強調し、上に伸びていくカタチを作ってくださった。以来、苦戦の度にそのロゴの重さを感じ、負けてはいけないと、自分に言い聞かせるようになった。

どんなきっかけで、出会いは継続して行くのだろうか？　女性の場合は、結婚や子育てを挟み、交友関係は変化する。もちろん意識も変化する。

しかし、小さな出会いから、仕事という共通課題をフィールドに、出会いを継続できた人がいる。

そんな出会いこそが大事で、これも自分の「記録」として留めておきたかった。「ありがとう」をカタチにすることは難しい。

　自分の作っているモノも、カタチはあっても名前が無い。

「雑貨ですよね？」とよく言われる。「雑貨ではありません！」と必ず返答する。

　どういう名前が相応しいのか？　どう言えばカテゴリーを確立できるのか？　今も迷走しながら、私はその道を歩んでいる。そんな迷走ばかりの私が大事にしている出会い、現在のイヴレスの出発点を助け、ともに作ってくれた恩人を紹介せずにはいられない。

　稲田充宏さんとの出会いは、友人の紹介だった。

　１９９６年、名古屋に本社を置く老舗家具問屋の大阪支店。新しくホテル事業への参入を目指した法人営業部が創設された。稲田さんは、初の担当者だった。

　まだ若く、40歳も半ばだったと思う。大きな声、独特な思考、仕事への情熱、どれも強烈なインパクトがあった。応接室に通され、これから取り組みされたい内容を伺った。一人でずっと話しておられた。新参者で参入する業界に、自身も何か緊張するものがあったのかも知れない。

　イヴレスのホテル納入第1号は、そんな稲田さんとともに実現した。

　当時まだ元気だった母が、私の起こしたデザインで、サンプル作りにミシンを踏んでくれた。刺繍見本は、大阪の下町、鶴橋の小さな刺繍工場が協力してくれた。思い出すだけでも懐かしく、感慨深い。母は、２０１３年に他界。刺繍工場は、次に出掛けた時は、飲食店になっていた。

　でき上がった確認サンプルを持って、中国山東省、青島市に出掛けた。ホテル製品を任せてもらった、大きな一歩だった。

　１９９６年に開業した、ホテルシーガル天保山。出発は、エコを推奨し、包材を簡素化しようと、ポーチを作ったのが始まりだった。男女別に男性は紺色、女性は生成り色の２色展開。

　今から思えば、取り組み相手として、何の知識もノウハウも無い私をよくも選んでくれたと思う。運が良かったからか、友人の後押しが効いていたのか、それこそ、神様の助けだったのかも知れない。

　現在、稲田さんは還暦も越えられ、お孫さんの話題が一番の楽しみ。いつも嬉しそうに、お孫さんのお話をしてくれる。当時の稲田さんを知る人であれば、今の姿は想像し難い。時代と年月の流れを感じずにはいられない。携帯電話の待ち受け写真にお孫さんが登場された時は、本当に笑ってしまった。人は変わるんだ！　妙に確信した記念日だった。

Photo : Gianni Hiraga

ちょうど同じ頃、片岡ひとみさんにも出会った。

１９９６年冬、「紹介したい女性がいる」と、今は故人となられた吉田さんに、連れて行ってもらった。地下鉄有楽町線の護国寺駅を降りて、歩道橋を渡り、とにかくどんどん歩く。大通りから一本入れば、下町の住宅街が広がり、鮮魚店の隣に大きく会社の看板が掛かっていた。

「片岡さんて言うんだけどね、まだ今はさ、パートで事務員なんだけど、新規事業部の営業も兼ねるようになるらしいよ」

吉田さんは思いやりのある人だった。ご自身も業務用スリッパの会社で勤められていたのだが、同業で起業を目指されていた。ちょうど、私がご自身と等身大に見えたのかも知れない。

片岡さんとの初めての取り組みは、ロイヤルパークホテルだった。

開業7年目を迎えたロイヤルパークホテルで、レディースプランの企画が上がった。当時の国内ホテルとしては珍しい企画で、女性ゲストのために用意されたアメニティセットだった。ミニボトルの化粧品、コットン、綿棒、ヘアゴム、シャワーキャップなど、女性の必需品を一つにまとめ、小さなポーチに収めた。

ポーチはロイヤルパークホテルのイメージカラーとなる深い別珍生地のグリーン。ロゴは美しい金に見える黄色い糸を選んで刺繍を入れた。サテンリボンは、女性らしさを表現したものだった。

１９９７年、レディースポーチ第1号が納品された。途中、リボンの色がグリーンから白に変わったが、２０１４年、素材をオーガンジーに変えるまで、17年も同じ姿で女性ゲストをもてなした。まさに私の原点となった。レディースプランは、今も継続されている。

片岡さんとの出会いが無ければ、今日の私は別の姿だったかも知れない。

彼女が私のオリジナリティを作ってくれた。

けんかしながら、愚痴を言い合いながら重ねて行った年月は、単にお客様と受注社というのではなく、仕事というフィールドで確かな何かを育んでいた。この関係を一言で言い表すのは、難しい。

B to B のビジネスで、黒子の私が前に出ようと決心したきっかけも片岡さん。

良くも悪くも、彼女が私に与えた影響は余りにも大きい。

子育てまっただ中の彼女が、強く生きた部分と、弱さを見せた部分、私が一番の理解者？と思うほど、20年近い年月をともに歩ませてもらった。

立ち寄り場所も少なかった時期は、小さなことでも手を煩わし、「時間を掛けて取り組みたい」と申し出て行動してきた。そばにいるだけで勉強になった。片岡さんは大胆に見えて、実は非常に繊細な人だった。

定年を迎えられ、引退と言う言葉を聞いた時、それをまともに受け入れられなかった。悔しいやら、悲しいやら、さまざまな感情が噴き出した。

引退されて、1週間も過ぎた頃、八重洲中通りの見知らぬ焼き鳥屋で一緒に飲んだ。どんどん飲んで、どんどん悲しくなった。

ベタな仕事ネタで夜半まで。私は涙が止まらなかった。

「何で辞めるんですか？」

食らいついて質問責め。「何で？」。私には、男前の片岡さんが、引き際を女性らしくしてしまったことが理解できなかった。それは今もである。

男性社会の中で、シングルマザーとして、仕事人として生きて来た。子供の成長、自分の人生。仕事で出会っても、いろんなことが話せ、心が通っていた。

そんな一人の女性の積み重ねが、現在の女性の職業を生んできたのだと思う。

「専業主婦になるのが夢だったのよ」。その気持ちは、十分に伝わった。いつからでもカムバックして来て欲しい。

そしてまた、けんかしながら、愚痴を言いながら、新しい作品を作って行きたい。

願いは必ず叶うものだと、自分の人生を振り返って思う。


「いつかきっと」を後押しする確たる理由や根拠はどこにも無かったが、多くの人に出会えたことで、さまざまな未来が描けるようになった。よくぶれてはいけないと言われるが、世の中がこんなに変化している中で、変わることは、逆に潔く次に進めるステップとなるに違いない。

何でも柔軟に考えて行くことが大事。

自分の傲慢さを無くしたとき、多くのウエルカムが届いた。主張を通すだけでなく、他の意見を取り入れ、バージョンアップさせて行く思いが作品をより進化させた。

25年の月日の中で、私がもう終わりと思っていたら、会社は破片も残っていなかっただろう。私の苦戦は何度も訪れた。その度に多くの人に迷惑をかけ、助けてもらった。

しかし、何があっても「つくる」ことを諦める選択肢は無かった。いつも「つくる」を楽しみ、表現の舞台をホテルと限定したスタイルをやめなかった。

ゲストをもてなす製品には日常的に必要なモノなど何も無い。だからいいのだ。非日常製品は、人に新しい感覚と空気を与え、おもてなしをカタチとしているのだ。

ちっぽけな自分の定義を、あたかも以前から提唱されていたかのように振る舞い、語って来た。

「魔法使いですか？」

「いいえ、イヴレスです」

言葉にできない表現が生まれ、チャレンジが始まった。

イヴレスにしかできないこと、
すべてはオーダーメイドから始まる。

Photo : Masao Yamakawa

女性起業家が目指すべき一つのロールモデル

文・荻島 央江

仕事柄、さまざまな宿泊施設を利用します。歴史と伝統を誇る老舗から、低価格を売り物にした新興チェーン、昔ながらの旅館……。それぞれ個性がありますが、「非日常空間の演出」という部分では、やはり外資系ホテルに一日の長があると、ずっと感じてきました。

最もそれを痛感させられるのは、ステーショナリーやアメニティグッズなどの、いわば小さな部分です。内装やインテリア、窓からの景色などについては、国内資本のホテルの中にも、外資系と変わらない質の高さを提供しているところはあります。ただ、小物に目を移すと、センスの差が一気に出てしまうのです。

国内資本のホテルの備品は、一部の例外を除き、とかく効率性を優先しているような気がします。例えば、何度も洗えて、丈夫で繰り返し使えるか。管理する側にとって「扱いやすかどうか」が採用の基準で、デザイン性や創造性はあまり重視されていません。

日常の延長であるビジネスホテルなら、それでもいいのです。ただ、非日常を味わいたくて利用するホテルではどうでしょう。それなりの料金を払ったにもかかわらず、あまりにも無味乾燥な備品が並んでいるのを見て、がっかりした経験を持つ宿泊客は、とりわけ女性を中心に、少なからず存在するはずです。

かくいう私もそんな一人。「他のことならいざ知らず、非日常空間づくりのセンスは、まだまだ欧米にかなわないのだろうな」――。そんなふうに感じてきました。

それだけに、名だたる外資系ホテルの部屋の備品をプロデュースしているのが一人の日本人女性だと知ったときは驚きました。

大阪市のイヴレスに伺い、山川景子社長に初めてお会いしたのは２０１３年7月、中堅・中小企業経営者向け情報誌『日経トップリーダー』の取材でした。女性社長の『うなる！目のつけどころ』という連載で、ユニークなビジネスモデルで成長を続けている女性社長を紹介するというものです。当初の取材時間は1時間程度の予定でしたが、事業についてキラキラと目を輝かせて語る山川社長に引き込まれ、気付けば4時間近くお話を伺っていました。

話を聞いて、山川社長がなぜ単なるホテルの備品ではなく、非日常を演出する作品をつくれるのかがよく分かりました。山川社長は、ホテルを「非日常を提供する場所」

Photo : Aiko Suzuki

荻島 央江さん● プロフィール

ライター＆エディター
食品販売会社在職中に映画紹介・評論記事の執筆活動を開始。2002 年からフリーランスとなり、情報誌や女性誌などで取材・執筆を手掛ける。現在はビジネス誌を中心に活動中。日経トップリーダーや日経 BP ネットなどに執筆。著名経営者へのインタビューや中小企業のルポを得意とする。 著書に『ジャパネットからなぜ買いたくなるのか?』『「社長、辞めます!」ジャパネットたかた激闘 365 日の舞台裏』（いずれも日経 BP)。

と定義し、その実現に何より心を配っているからです。

ただし、それは単にお金をかけて、高級品を取りそろえることではありません。「例えば、歯ブラシなどの消耗品は必ずしも上等でなくていい。その分、消えてなくならないもの、収納するボックスにお金をかけて豪華にすれば、それだけで歯ブラシも立派に見える」と山川社長は話します。

「旅行が好き、ホテルが好き、デザインが好き。国内外のさまざまなホテルに宿泊しては、『こんなものがあったらいいのに』と思っていたことが、今の事業につながった」という山川社長。実は、そのビジネスモデルは今後、女性起業家が目指すべき一つのロールモデルとなるとも、私は考えています。

男性が苦手な、まさに女性向きの仕事だからです。マイホームを建てたときのことを想像してみてください。男性の興味は建物を作るところまで。そこから先の家具や、ましてや細々とした備品にはさほど興味がない。ここからが女性の出番になる。ホテルづくりも同じです。

山川社長は、ホテル開業やリニューアル前の設計段階からチームに加わり、デザイナーや設計士と話し合いながら、ホテルのコンセプトや客室のイメージに合わせたデザイン、色、素材の備品を提供しています。用意する備品はオーダーメイドが基本。それらは広範囲にわたり、まさに女性ならではの細かな視点とアイデアが欠かせません。

女性の社会進出の必要性が声高に叫ばれていますが、何も男性と同じ土俵で勝負することだけがその手段ではありません。山川社長のように、女性的な視点と発想なしには成立しないビジネスを立ち上げ、男性と戦わずして圧倒する――。そんなしなやかさやしたたかさもなければ、女性の社会進出はなかなか進まないと私は思っています。

今後、企業の女性活用が進めば、女性が出張で国内外を飛び回ることも、今よりずっと一般的になるでしょう。そうなれば、出張のため宿泊するホテルも、価格と効率性だけでは勝負できない時代になるかもしれません。たとえ出張でも、味気ないものでなく、少し気分が上がる空間を提供する。多くのホテルがそんな方向を目指せば、イヴレスの出番はもっと増えるのではないでしょうか。

もし素敵なホテルに泊まる機会があったら、ぜひデスクマットやアメニティボックスなど客室にある備品の裏を見てみてください。もしかしたら「IVRESSE」という文字があるかもしれません。イヴレスでは数年前からオーダーメイドの証として、製品の裏側にこの刻印を施しているそうです。

実際に山川社長のつくり上げた空間を体験していただければ、ここで書いたことが説得力を持って伝わると確信しています。

Photo: Shinichi Tanaka

Photo : Shinichi Tanaka

WORDS of IVRESSE 1

仕事
WORK

振り返ると、私の人生は自由で、学校も、仕事も、結婚も、すべて自分の思うままの行動だった。そんなに褒められた人生ではないが、なぜか後悔がない。自由の裏側にあった責任を果たしてきたから？　どんな状況にあっても、仕事は手放さない。私から仕事を取れば、何もなくなってしまう。ずっと、そう思って生きてきた。子供たちには、少し寂しい思いをさせたかも知れないが、それも勘定済みの決断。**願いは、ただ一つ。好きなことを仕事にして、最後まで好きなことでありたいということ。**

Photo : Shinichi Tanaka

WORDS of IVRESSE 2

職人気質

PROFESSIONALISM

すべてのワークは、イヴレスのスタッフの職人気質から成り立っている。いただいたお客様の思いをカタチとして提案する作業。紙面から立体に置き換えるサンプル作成。もちろん、客室内の雰囲気も見ていく。作るものが、どのような場所に、どんなカタチのモノと並べられるのか？　**すべてオーダーメイドで作るには理由がある。妥協しない職人気質がそれを許さないのだ。**イヴレスの作ったモノの隣に何が来るのか？　それがわからなければ、モノ作りそのものを始動しない。大きなプライドがあった。

Photo : Masao Yamakawa

WORDS of IVRESSE 3

ホテル

HOTEL

時が流れ、宿泊特化型のホテルが勢いを持ち、総合的なシティーホテルが影を潜める。しかし、シティーホテルは、才能やお金があるないにかかわらず、無償で優雅な時を与えてくれる場所。ベルボーイの手招き、深い礼、ドアが開いた瞬間から別世界の空気が漂う。起業当時一文無しだった私は、よくホテルニューオータニ東京の通路にいた。ただ長椅子に座っているだけで、自分の未来を描くことができた。そして、**通路を往来する人たちに、多くの運気を分けてもらった。**シティーホテルは座っているだけでお金を取るような仕組みはない。夢のカタマリだった。

Photo : Shinichi Tanaka

WORDS of IVRESSE 3

大阪
OSAKA

貿易を始めて20年になる。海外経験が多い？語学堪能？　いろいろな想像をぶつけられる。しかし、私は大阪以外で住んだことがない。10日以上大阪を離れたことがないのだ。何処へ出掛けても、大阪に戻ってくる。事務所のある中国・青島や、香港、そして東京。拠点選びには、いくつもの選択肢があったが、やはり私は大阪にいる。自分で思う以上に大阪が好きなんだと思う。ファンキーで面白い。**これからも生粋の大阪人として、気取らずに、すべての発信を大阪から生み出していきたい。**

Photo : Masao Yamakawa

WORKS
of
IVRESSE

PART 1

Photo : Gianni Hiraga

INTERVIEW

株式会社イリア

ホスピタリティソリューション部
グループリーダー

鳥羽順子さん

経験豊かな私たち二人なら
ホテルをもっと輝かせられる

生産工場と正々堂々交渉するタフさ

景子さんと出会ったのは12年前ぐらいだったと思います。私がグランドハイアット東京担当のパーチェシング・エージェントだったころでした。グランドハイアット東京オープン1年後にホテルの購買部長から、「役に立つ女性がいる。絶対に鳥羽さん好きになるよ」と紹介してもらったのが最初でした。

「まあ、なんてきれいな方でしょう!」というのが第一印象。話しているだけで、センスの良さが伝わりました。過去に手掛けた作品をたくさん持参し、お披露目してくれたのですが、手に取ると、ちょっとしたところに女性らしい細やかな心遣いを感じ、いつか一緒に仕事ができればと思いました。その後、いくつかのプロジェクトで声掛けしましたが、難しい依頼をしてもしっかりと応えてくれて、どんどん信頼関係が深まっていきました。

中国・広州の仕事のときには、イヴレスの皆さんがいて本当に助かりました。中国で作るホテルの備品について詳しい方はたくさんいますが、彼女のように実際に工場に入り品質管理している女性は見たことがありません。

現地では彼女が長年苦労して信頼関係を積み上げてきた化学工場やメタル工場、合皮工場など、多くの工場を案内してもらいました。また、日本ではあまり知られていない未開拓のマーケットでは、リーズナブルで質の高いアンティーク商品を探したりと、一緒にいて楽しく勉強になりました。

工場に特注品の製造をお願いする場合、ロットがいつも課題となり断念せざるを得ないケースが多いのですが、彼女は工場と正々堂々とタフな交渉をして、小ロットを叶えてくれます。イヴレスがしっかりと検品しながら管理してくれているので、品質にもムラが無い。

私たちがビジネスを始めたころは、まだ中国製品は品質を保って行くのが難しかった時代。しかし、イヴレスの女性たちが工場ともみ合って作ったものは本当に素晴らしいと実感しました。

難しいものはイヴレスにお任せすれば安心というカタチが自然とでき上がって行きました。

自社検品というポリシーを曲げない

ザ・リッツ・カールトン沖縄の仕事では、客室内やスパ用など多種にわたる備品を依頼しました。納期まで日数がないにも関わらず、なかなかディテールが固まりませんでした。そんな中、少しでも納期を短縮させるため、「中国の工場から直接、沖縄に納品することはできないかしら」とお願いしたのですが、「みんな自社で検品してからお届けしていますので、それは難しいです」と直接輸入を受け入れないのです。

結局、中国の工場から大阪に届いたものを徹夜で検品して梱包し直し、大阪の倉庫から沖縄のホテルまでチャーター便で届けてくれました。彼女もそのチャーター便を追いかけて沖縄のホテルまでやって来ました。納入先に到着した荷物を数量や

**中国の工場から大阪に輸入したものを
徹夜で検品して箱に詰め直し、
大阪の倉庫から沖縄のホテルまで
チャーター便で届けた**

梱包の状態など再チェックして納品するのは当然のことですが、ものすごい量でしたので、こちらも不安がありました。しかし、心配を見事払拭し凄いと感じました。

学ぶ姿勢を持ち続けることは素晴らしい

中国・広州のホテルでモックアップ作りを依頼したときのことですが、同業他社（ドイツ人オーナーの香港の企業）の製品を見て、センスの違いに愕然としていたことがありました。それは、彼女が考えている以上のデザインと質感、品質のモノを目の当たりにしたからです。普段は前向きな彼女ですが、そのときばかりはとても落ち込んでいました。さらに、工期が遅れ、さまざまな問題を含み、私たちはモックアップ作りの段階で撤収し、ビジネスとしては成立しないという苦い経験をしました。

これは後で知ったことですが、彼女はドイツ人オーナーに「香港のショールームを見せて欲しい」と連絡して、翌日には香港のオフィスまで訪ねて行ったらしいのです。あの挫折以降、イヴレスがつくり出すものはさらに進化が見られます。負けん気の強さ、常に学ぶ姿勢を持ち続ける彼女には、頭の下がる思いがします。

そんなふうに仕事熱心な景子さんですが、意外にも仕事以上に家庭を大切にしていることが、親しくなるにつれ、わかるようになりました。忙しいにもかかわらず、出張するときは家族のお弁当や夕食の用意をしてから外出すると聞いて、驚きました。海外出張のときにも、何日分かの食事を作ってから出来るそうです。

小さな〝かわいい〟の積み重ねが評価につながる

今後も仕事では、ご一緒する機会が多いと思います。私たち二人で時間かけて良いものを作っていけば、もっと客室のディテールを輝かせることができると確信しています。経験豊かな私たちが知恵を出し合って、ゆっくりと時間をかけて取り組みができれば、もっと細部までこだわり、使い勝手も良い女性向けの「おもてなし」を作ることができるでしょう。

ホテルのお部屋に入って女性が一番注目するのは、「あっ、かわいい！」と思うようなジュエリートレイやティッシュボックス、ポーチなどの〝雑貨〟といわれるもの。そういう小さな〝かわいい〟の積み重ねが、「このホテルって素敵！」という評価につながるのだと思います。私たちにはまだまだやりたいこと、やれることがいっぱいあります。

常にパワフルな景子さんですが、くれぐれも体を壊さないようにしてください。私のパートナーがいなくなってしまいます。

Junko Toba

鳥羽順子さん プロフィール

早稲田大学卒業後に渡米、ニューヨークで不動産関係に従事。帰国後の 1998 年、株式会社イリアに入社。以降、グループリーダーとして PA 業務、特にホテルの OSE 調達を担当。

鳥羽順子さんってこんな人

鳥羽さんに初めて会ったのは、2006年ごろ。初めて訪れたイリアのオフィスは、真っ白なインテリアで、とても尖った印象。一気に背筋が伸びた記憶がある。鳥羽さんは噂どおり、ミニスカートとハイヒールで登場した。大人の女性だった。

当時の私は、いつもたくさんの資料やサンプルを持ち歩いていた。大きな袋の中から多数の資料を取り出し、懸命に自分のビジネスを説明していた。最初の面談は10分程度だった。

ビジネスの転機は、セントレジスホテル大阪の開業準備期間にやって来た。私を見かけた鳥羽さんは、「あなたを待ってたのよ！」と嘘のように声掛けしてくれた。とてもうれしかった。

以来、鳥羽さんが取り組みされる物件のたびに何かしら声掛けをいただくようになった。マンダリンオリエンタルホテル広州のモックアップでは、何度も広州で集合した。その時に心の距離も縮まったと思う。

アメリカ帰りの才女。カラオケは昭和歌謡を歌う！　私の先をいつも歩いている。まさに私の先生のような女性。学ぶことが多い。

セント レジス ホテル 大阪

THE ST.REGIS OSAKA

本革の質感で、オーセンティックモダンを追及。

チェックインホルダー
W235 × H315

ビルホルダー
W140 × H230

キャッシュトレイ
W215 × D130

サテンドレスハンガー
W370 × t30

ダストボックス
W210 × D210 × H290

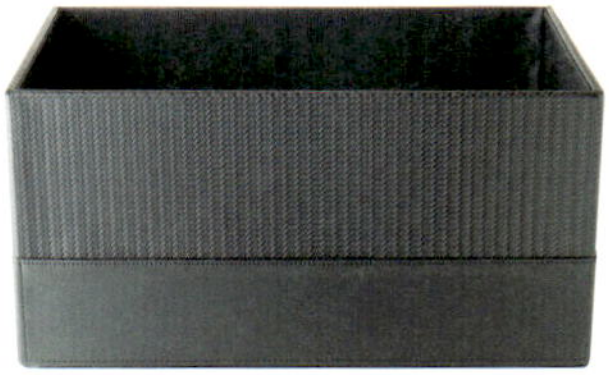

タオルハンパー
W390 × D240 × H210

タオルハンパー
W240 × H240 × H210

ティッシュケース
W150 × H140 × H70

ST REGIS
OSAKA

セント レジス ホテル 大阪

ADDRESS: 大阪府大阪市中央区本町
3-6-12
TEL: 06-6258-3333
FAX: 06-6258-3337
http://www.stregisosaka.co.jp

打合せ用バインダー
W240 × H320

ザ・リッツ・カールトン沖縄

THE RITZ-CARLTON, OKINAWA

ハイクオリティな南国リゾートのために。
“重厚感”と“重すぎない”を表現。

ティッシュケース
W150 × D140 × H75

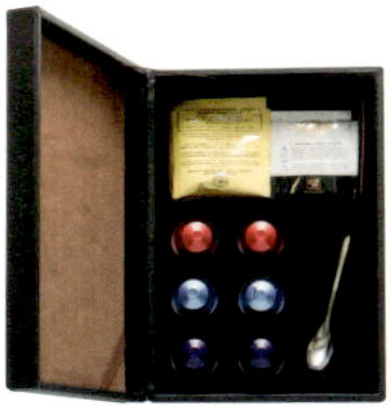

コーヒー&ティーセット収納
W180 × D266 × H58

タオルハンパー
W300 × D250 × H550

ダストボックス
W230 × D230 × H330

マガジンラック
W400 × D150 × H330

ハウスキーピングバッグ
W350 ×マチ 30

シューズバッグ
W310 × H435

ニュースペーパーバッグ
W150 × H280

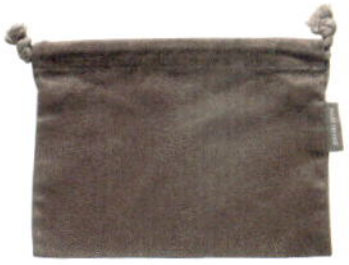

ドライヤーバッグ
W290 × H230

THE RITZ-CARLTON®
OKINAWA

ザ・リッツ・カールトン沖縄

ADDRESS: 沖縄県名護市喜瀬 1343-1
TEL：0980-43-5555
FAX：0980-43-5550
http://www.ritzcarltonjapan.com

SPA ロッカーキーブレスレット
レッド / 女性用　ブルー / 男性用

不揃いなビーズをつなぎ合わせ、数字もハンドメイド。
天日干しで、明るい日差しをすいこむ。

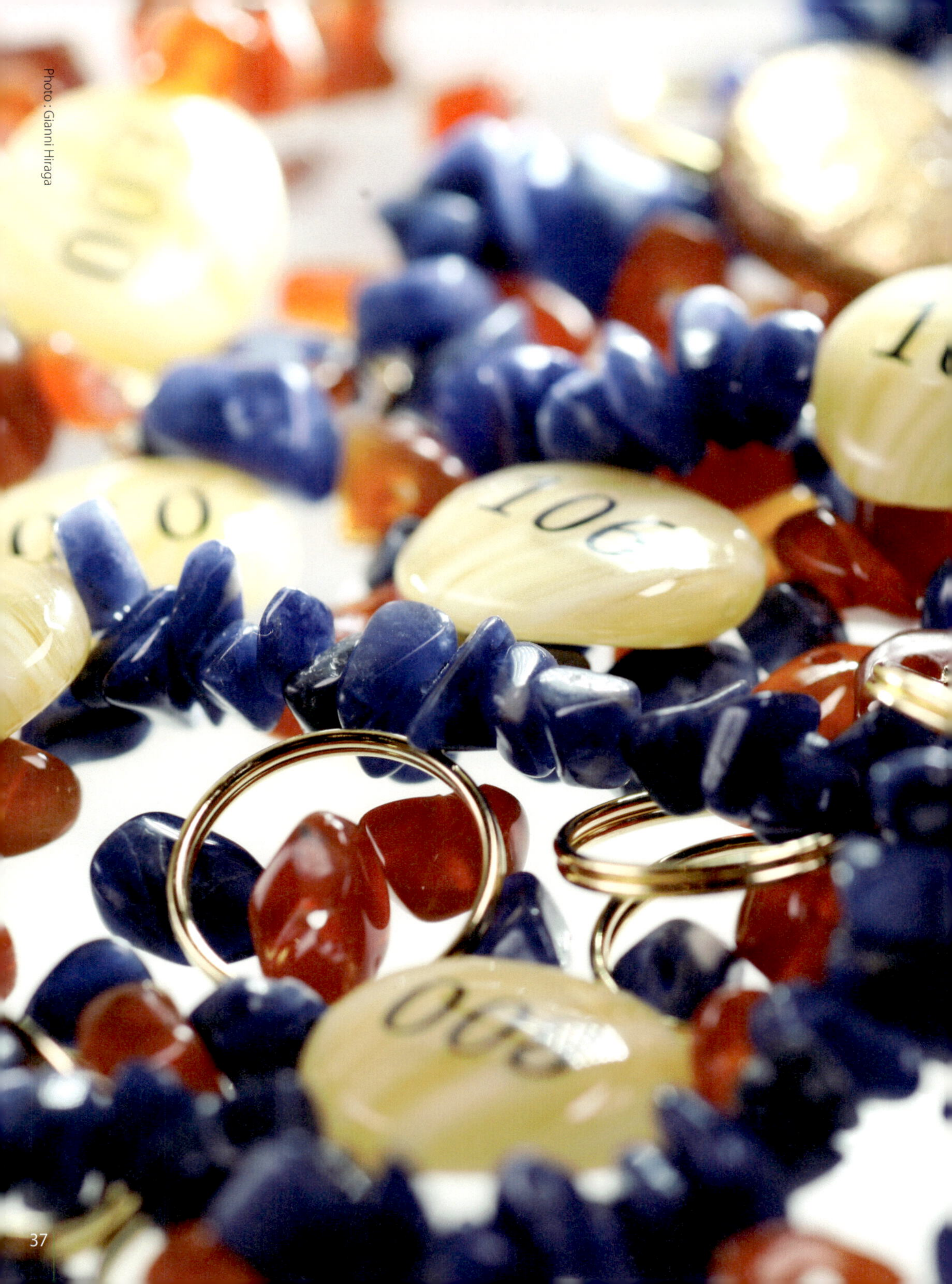

Photo : Gianni Hiraga

Photo : Gianni Hiraga

WORKS
of
IVRESSE

PART 2

「一家に一台、イヴレスグッズ」を目指せ！

文・寶田 陵
UDS株式会社
A.I.designクリエイティブデザインディレクター

初対面は忘れもしないほどに強烈かつ衝撃的！

イヴレス山川さんと初めてお会いしたのは、新宿グランベルホテルのモックアップルームでした。そうですね、あんな初対面は忘れもしないほどに強烈かつ衝撃的！一度網膜に焼き付けたら、二度と忘れないくらいのインパクトでした（笑）。

ＪＴＢ商事の櫻井さんから事前に優秀な人を紹介していただけると連絡があったため、「どんな人かな？」と楽しみにしていたら、名刺交換するやいなや、山川さんは一人テンションあがりまくりで、備品をダンボール箱からバサバサと開けて置きまくり＆しゃべりまくり。せかせかと備品を入れ替えながら、やや早口の関西弁で「これなんかええと思います！」とか、「ほんなら、これなんかどうですか！」とか、「これなんかぴったりやと思うわ！」とか。

もうこちらがしゃべるすき間もなく、怒涛のように説明していました。いま振り返ると、私はあの時、完全に山川ワールドに圧倒されていたのでしょうね、きっと。

でも、残念ながら、その時は私の意図しているデザインと、山川さんが持ってきたデザインには若干ギャップがあり、「今回はもう少しラフな感じがいいんですよね」とリクエストしました。

そう、この時、私はイヴレスという会社がどのような備品を作っていて、どういうホテルに納品しているのか、ほとんど知らない状態で、言いたい放題言っていました(笑)。後から調べたら、名だたるホテルに納品していることを知り、すごく驚いた記憶があります。

山川さんのクライアントフォーカスは勉強になる

そして2回目、もう山川さんのテンションには慣れたと思っていたが、意外とまだ免疫がなかったらしく、「こんなん作ってみたんやけど、どうですかー！」とか、「これをこう工夫したんですー！」とか、「これならいい感じやと思うわー」とかとか、またも山川ワールドに圧倒されまくり。つい、「もうこれでもいいかな？」と思いたくもなりましたが、そこはグッとこらえて、「全然違う」と冷静に言いました。

「なんでー！　何があかんのやろー？」とブツブツ言い

Photo : Masao Yamakawa

寶田 陵さん ● プロフィール

UDS 株式会社
A.I.design クリエイティブデザインディレクター
ホテル、旅館、共同住宅、商業施設、オフィスなど幅広い分野で建築設計及びインテリアデザインを手掛ける。近年ではプロジェクトの企画プロデュースやデザインディレクション、家具や照明器具などのプロダクトデザインにも活動の幅を広げ、新しいライフスタイルを生み出す建築・空間づくりにチャレンジしている。

ながら、「こんなデザインですかー?」とか、「ここのこの部分はやりすぎー?」とか、ほんとに細かく私に意図を確認してきます。細かすぎてもういいよと言いたくなるくらい(笑)。

こんなやりとりを何回も繰り返しながら、ようやく決まっていきました。最終的に、アメニティボックス、約款バインダー、ドライヤーバッグ、オーガナイザー、ダストボックスなど、イヴレスクオリティーはもちろんありながらも、他のホテルとは違った新しい見え方のオリジナリティーがあり、かつデザイン性や機能性に優れたモノができたかと思います。

イヴレス山川さんはとにかく諦めない。こちらの要望を絶対に実現させようという気迫を感じる。自主的に試作品をあれこれ作ってみたり、いろんなデザインを提案してきたり。山川さんのクライアントフォーカスは、一緒に仕事をしていて、私自身、すごく勉強になりました。

でも、人に対するあの独特の懐の入り方は山川さんだからこそできる技であり、私には到底真似できないなと(笑)。

同じテンションの通訳を見つけることが一番の課題

山川さんにはもっともっと新しいモノ作りにチャレンジしてほしいし、日本のホテルにとどまらないで、海外にもどんどん輸出してほしいと、個人的には願っていますので、私もその応援をしていきたいと思います。

イヴレスクオリティーを求めるホテルは世界中にたくさんあると思いますよ。日本人であるがゆえのきめ細やかな対応や工夫、山川さんであるがゆえの大胆な提案かつ強烈なインパクト。世界中の名だたるホテルで、日本のイヴレスブランドが使われていることを想像するだけですごくワクワクするし、とても素敵なことじゃないですか。

でも、海外進出で一番の課題は、山川さんのテンションとまったく同じテンションの通訳を見つけることですね(笑)。やっぱり、そこがいないと、山川ワールドが世界に正確に伝わらないでしょうし、それではもったいない!

またホテルだけにとどまらず、住宅でも使えるモノを考えてみてほしいなと思っています。日本の住宅でも「一家に一台、イヴレスグッズが必ずある」みたいな感じになると、その優れたデザインを通して、日本人の感性ももっと豊かになっていきそうな気もする。

日本の住宅の中には、まだまだデザインと機能の改良に余地のあるモノってたくさんあると思います。それを一流ホテルで培ってきた山川さんならではの視点と発想で、新しいデザインを住宅の中にもたくさん提案してほしいなと思いますし、またそういう新しいチャレンジに一緒に取り組みたいなと思っています。

Nacasa & Partners

新宿グランベルホテル

GRANBELL HOTEL SHINJUKU

ひとつのカタチに違う顔。
ふたつの色、表裏一体。

OMOTE
オモテ

ティッシュケース
W140 × D140 × H70

ドライヤーポーチ
W245 × D80 × H210

折り畳みミラー
W210 × D295

バインダー
W260 × H325

オーガナイザー
W300 × H420

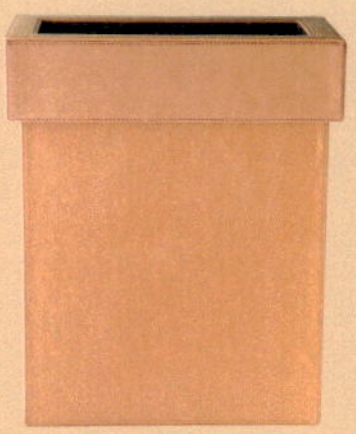
ダストボックス
W325 × D175 × H395

URA
ウラ

ドライヤーポーチ
W245 × D80 × H210

ティッシュケース
W140 × D140 × H70

折り畳みミラー
W210 × D295

バインダー
W260 × H325

ダストボックス
W325 × D175 × H395

オーガナイザー
W300 × H420

GRANBELL HOTEL
SHINJUKU

新宿グランベルホテル

ADDRESS：東京都新宿区歌舞伎町 2-14-5
TEL：03-5155-2666
FAX：03-3208-6467
http://www.granbellhotel.jp/shinjuku

ワイヤーバスケットはユーズドな質感。

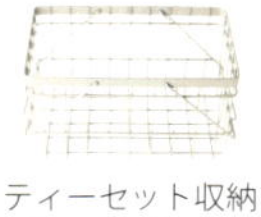
ティーセット収納
W167 × D107 × H85

アメニティバスケット
W230 × D85 × H80

Photo : Gianni Hiraga

WORKS
of
VRESSE

PART 3

INTERVIEW

株式会社星野リゾート
マーケティング統括
界 マーケティング

磯川涼子さん

子育ての先輩でもある仕事の頼れるパートナー

施設ごとに異なるデザインの風呂敷

イヴレス山川さんとの出会いは、以前、同じチームの別の担当者が「界」をしっかりと表現できるようなアメニティを作りたい！　と相談したことがきっかけでした。

その担当者より、何度か「何でもお任せできる人がいるのよ！　ぜひ一度会ってほしいわ！」と声掛けがあったのですが、ちょうどそのころの私は、二人目の子供の産休前で忙しいことが重なり、なかなかタイミングを合わせることができずにいました。そのまま産休に入ってしまい、山川さんとの初対面を果たしたのは、仕事に復帰した1年後のことでした。

初回の面談は、前任者からの引き継ぎ作業だけで、わずか数分程度でしたが、2回目の面談は、1時間を予定していたので、自分の思いを伝えることができました。

とにかく面白く、フレンドリー！ というのが、じっくり話した山川さんの印象でした。仕事の話はもちろん、男の子二人の母親という共通点もあり、さまざまな話題で盛り上がりました。子育ての先輩としても情報提供いただき、予定の時間を大幅に過ぎてしまいました。

いつだって「何でもやりますよ！」と気軽に言ってくださるので、相談する内容の幅はどんどん広がっていきました。

新規施設に関して、コンセプトやモチーフなどを伝えると、いろいろな提案を返してくれます。商品開発、デザインから在庫管理、フォローまでトータルな内容が上がって来ます。ただモノを作ってもらうという以上のサポートを実感しています。

イヴレスとの仕事で一番の柱は、何と言っても「界」ブランドの風呂敷です。毎回、配色を決める際には1回で10パターン以上のイメージ画像を出してもらっています。

「界」が提唱するご当地色はどんな色なのか？ 半年以上、何度もやりとりを繰り返し、毎回ご迷惑もおかけしますが、根気強く付き合ってもらい、納得できる配色をつくり上げています。

完成した風呂敷は、「界」ブランドの象徴の一部となっています。

宿泊いただくお客様にはもちろん、取材にいらっしゃるメディアの方々にも好評です。

配色のバリエーションとデザインだけでなく、使い勝手の良い大判サイズや、短冊にして挟んでいる「風呂敷の手引き」も、お楽しみいただいています。

実際に各地の「界」を巡り、色集めを楽しみにしてくださっているお客様もいらっしゃいます。おみやげとしても販売しており、滞在中の思い出を持ち帰ることのできるアイテムとなっています。

再訪の動機付けになる
アイテムづくりを目指す

「界」は、和心地の温泉旅館ということで、日本らしさと和の心地よさを大切にしています。その「日本らしさ」の表現の中でも、特に地域性を重視しています。

日本の各地域には、それぞれに固有の文化や、美しい風土があります。やはり旅の醍醐味というのは、今まで知らなかった場所に出かけ、その土地の知られざる魅力を発見するところにあります。そうした旅の魅力を「おもてなし」の一部として、「ご当地楽」や、館内の各所に、ご当地の良さを感じていただける工夫を凝らしています。

私たちは、お客様に接するスタッフ一人ひとりも、「おもてなし」の一環でありホスピタリティの代表だと考えています。そのスタッフの制服にも、ご当地ならではの特徴を込めています。制服の襟、袖にあしらわれたプリント柄は、各地域の文化や土地ならではの特徴がデザインされています。これもイヴレスとの共同作業です。

「界」ブランドはどこも小規模な施設なので、施設ごとに柄を変えてプリントを起こし、小ロットで作ることは、実際にはなかなか難しく、大手メーカーでは受けてもらえませんでした。でも、山川さんは快く「いいですよ！」とすぐにプリント柄のイメージを出し、積極的な

風呂敷の色でも
1回で10パターンくらい出して、
一つのモノを作り上げるのに半年ぐらい

姿勢を見せてくれました。
　毎回、ご当地の象徴や文化、情景などいくつものイメージを提示し、何十パターンもの柄を提案してもらっています。完成までのワークが実に楽しいです。サクサクと話す彼女の口調は、はっきりしていて分かりやすく、関西人らしい突っ込み？も、面白いです。
　次の取り組みとしては、客室の水屋に置く茶箱をご提案いただいています。ただ湯呑や急須といったお茶セットがあるのではなく、お茶を飲むことを寛ぎの時間とし、どのように過ごしていただくかということも含めて提案してもらっており、完成までのやり取りがまた楽しみになっています。
　イヴレスの魅力は、単にモノを提案するだけでなく、「ショップで販売するには、どうしたらいいか？」など、細部にわたりアイデアを出し合い一緒に考えていけるところにあると思います。

「界伊東」のスタッフ

風呂敷は、お客様にご自宅でも「界」を思い出していただくアイテム

　風呂敷は、ご宿泊いただいたお客様の思い出とともにお持ち帰りいただき、ご自宅でも、旅の記憶とともに「界」の余韻を感じていただけたら、という「界」ならではの「おもてなし」です。

　それらが、お客様の再訪や、また別の「界」を訪れる動機づけになればと思っています。

　「界」ブランドは女性をターゲットにした温泉旅館です。

　私たち、等身大の女性として、お客様に喜んでいただけるような「おもてなし」を、今後も一緒に作っていきたいと考えています。

Ryoko Isokawa

磯川涼子さん プロフィール

1977年5月3日生まれ。4人兄弟の長女。慶應義塾大学商学部卒業。2000年に星野リゾート入社。ブライダル広告、ブライダル衣裳美容、グループ広報、星のやスパ、CS担当、旅館マーケティングを経て、現在に至る。2人の男の子の母。

磯川涼子さんってこんな人

第2児出産休暇前に初めて会った。すでにお腹が大きかった。柔らかで、ふんわりした印象。優しいお母さんなんだと思う。その優しい仕草についつい私も甘えてしまいそうになる。我が家の息子たちも磯川さんのようなお母さんなら、もっと幸せな瞬間があったのではないかと思わされるときが多い。

子育てをしているから、仕事時間に制限があり、目の前の目標をサクサクと片付ける。考えている暇などないのだ。かと言って、時間どおりに動いているわけでもない。出張や残業など、家族とも理解し合っている様子が日々伝わる。本来、働きながら子育てをしっかりするというのは、非常に難しい。それを苦にせずにやっている彼女は、本当に素晴らしい。

「もう一人くらい欲しいのよねぇ」。その言葉には、私も本当に驚いた。子育てをしていると、身勝手なところが少なくなる。いつも自分以外の誰かを中心に生きているせいか、人に優しくなれる。磯川さんはまさにそんな女性。誰にも優しく、そして厳しい目も持ち合わせる。「女性なんだから」、そんな感じは微塵も感じられない。同じ子供を持つ女性として、非常に共感し合える関係である。

星野リゾート 界

HOSHINO RESORTS KAI

施設とともに、地域の色を表現するアメニティとしての風呂敷。

③　⑨

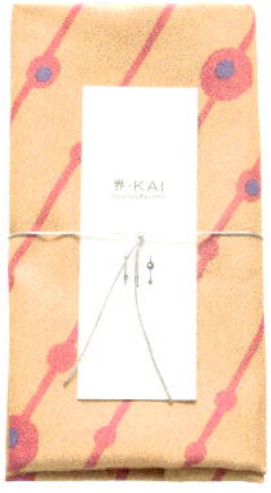

①　⑧

⑪

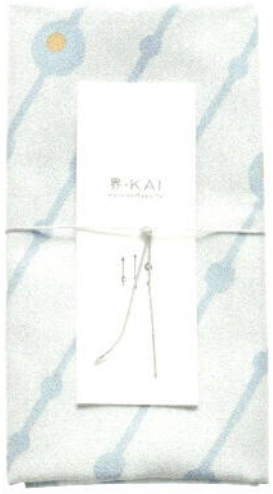

⑤

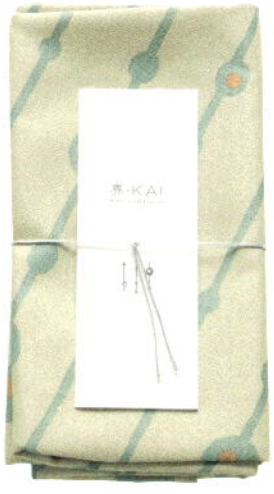

⑦

⑩

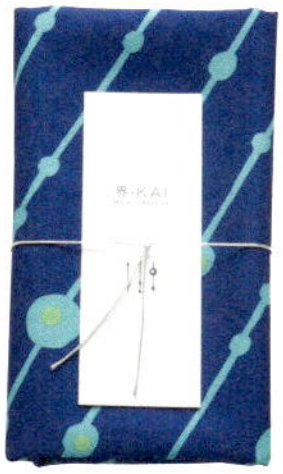

②

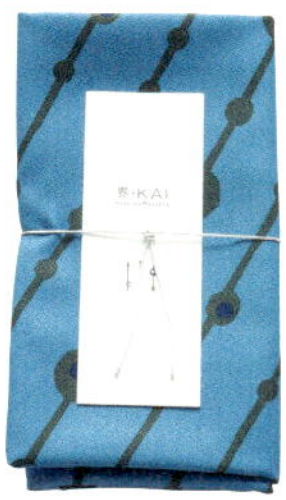

⑥　⑫

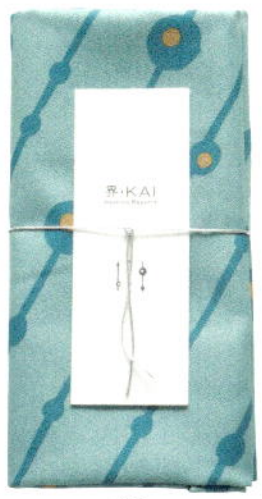

④

サイズ：690 X 690

界 KAI 星野リゾート

界　施設情報一覧

地域の魅力を再発見、心地よい和にこだわった上質な温泉旅館

① 界 津軽 KAI Tsugaru

青森県南津軽郡大鰐町大鰐字上牡丹森 36-1
TEL：050-3786-0099
http://kai-tsugaru.jp/

② 界 川治 KAI Kawaji

栃木県日光市川治温泉川治 22
TEL：050-3786-0099
http://kai-kawaji.jp/

③ 界 日光 KAI Nikko

栃木県日光市中宮祠 2482
TEL：050-3786-0099
http://kai-nikko.jp/

④ 界 箱根 KAI Hakone

神奈川県足柄下郡箱根町湯本茶屋 230
TEL：050-3786-0099
http://kai-hakone.jp/

⑤ 界 熱海 KAI Atami

静岡県熱海市伊豆山 750-6
TEL：050-3786-0099
http://kai-atami.jp/

⑥ 界 伊東 KAI Ito

静岡県伊東市岡広町 2-21
TEL：050-3786-0099
http://kai-ito.jp/

⑦ 界 松本 KAI Matsumoto

長野県松本市浅間温泉 1-31-1
TEL：050-3786-0099
http://kai-matsumoto.jp/

⑧ 界 アルプス KAI Alps

長野県大町市平 2884-26
TEL：050-3786-0099
http://kai-alps.jp/

⑨ 界 遠州 KAI Enshu

静岡県浜松市西区舘山寺町 399-1
TEL：050-3786-0099
http://kai-enshu.jp/

⑩ 界 加賀 KAI Kaga

石川県加賀市山代温泉 18-47
TEL：050-3786-0099
http://kai-kaga.jp/

⑪ 界 出雲 KAI Izumo

島根県松江市玉湯町玉造 1237
TEL：050-3786-0099
http://kai-izumo.jp/

⑫ 界 阿蘇 KAI Aso

大分県玖珠郡九重町湯坪瀬の本 628-6
TEL：050-3786-0099
http://kai-aso.jp/

界 遠州のユニフォーム。
モチーフは「お茶」

地域の特色を表現する
風呂敷の配色・ユニフォームの柄が決まるまで

❶ 柄・色のエッセンスを探す。

観光名所や伝統文化、特産品や景勝地など、地域の情報とイメージを集める。

それらを、モチーフづくり、テーマカラー選定の参考とし、絞り込む。

❷ 紙ベースで配色案・柄案を作成。

①をもとに、配色案を作成。

四季を通して違和感のないことや、他施設との重複がないことが条件となる。

裏面を別色で染める風呂敷は、裏移りしないことも重要な要素となる。

界 川治の風呂敷。
テーマは「山間の清流で遊ぶ魚たち」

❸ 試し刷りをおこなう。

②で選ばれた配色で、試し刷りを作成。「試し刷り」とは、実際の布にプリントし、色の確認と微調整を行うプロセスのこと。何度も試し刷りを繰り返し、完成させて行く。

POINT

配色や柄を作っていく作業は、楽しくもあり、難しい作業です。良案が出てこないときは、少し時間を挟みます。デスクでお茶を飲んで一息、外の空気を吸ったり、他の作業をこなしたり。時には、数日間空けたりします。

ようやく配色が決まると、第二の難関、試し刷りです。実際布にプリントすると、イメージが大きく変わることもあり、調整もまた難しい作業になります。

Photo : Shinichi Tanaka

不思議と思うことが、モノづくりを変化させる。
不思議と思わなければ、感性の成長も進化もない。

星のや竹富島

HOSHINOYA OKINAWA

豊かな自然のテイストを添えて、
離島ならではを しつらえる。

木製トレイ
W430 × D300 × H30

木製トレイ
W290 × D180 × H20

アメニティトレイ　K
W260 × D230 × H20

アメニティトレイ　G
W220 × D300 × H20

インフォメーションブック
W275 × H330

伝票ホルダー
W140 × H230

小物入れ
W160 × D160 × H35

メモトレイ
W150 × D163 × H20

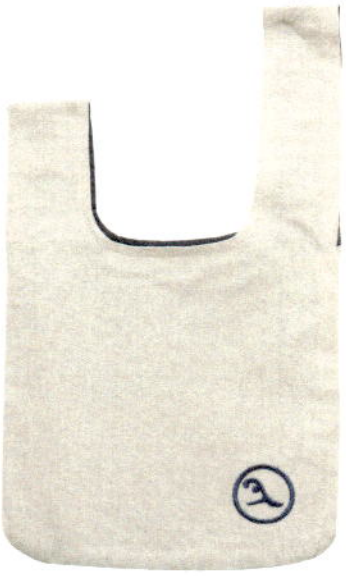

おさんぽバッグ
W210 × H380

星のや 竹富島

ADDRESS: 沖縄県八重山郡竹富町竹富
TEL：050-3786-0066
http://www.hoshinoyataketomijima.com

Photo : Gianni Hiraga

WORKS
of
IVRESSE

PART 4

Photo : Shinichi Tanaka

INTERVIEW

株式会社三井不動産ホテルマネジメント

事業推進本部
事業推進部

安田真樹さん

女性ならではの目線で
次々とユニークな提案

Maki Yasuda

西陣織を使った鏡やトレイはホテルの女性スタッフも気に入り「販売したい」という意見が出た

大阪のショールームを訪問し製品を見て即決

２０１４年春の開業を目指し、大阪・中之島と京都・新町に新規計画していたホテルでは、より質の高い客室を作る構想が持ち上がっていました。

どのように質を上げていくのが良いか、テコ入れすべきはどこなのか。建物だけではお客様に説得力がないし、他に何かプラスに働くことはないのか？

計画に携わる多くの方々とさまざまに議論を重ね、試行錯誤、紆余曲折を経て浮かび上がった結論が、ディテールへのこだわりでした。

客室の「しつらえ」も含め、きちんと「おもてなし」をカタチにしよう。

そんな要望が固まり、思いをともに実現するパートナー探しが始まりました。

いろいろと声を掛ける中、以前より取引のあったＪＴＢ商事がイヴレスを推薦してくれました。

暑い夏でした。

大阪市内でもちょっと中途半端な場所にあるイヴレスのショールーム。駅からの道のりは散歩にはちょうどいい距離でしたが、坂道をどんどん上り、辿り着いた頃には汗が噴き出していました。

イヴレスについて、納入実績などはある程度下調べしていましたが、それ以上の情報は無く、向かう道中は想像が膨らみました。しかし、到着したショールームは私の想像とは違い、カフェのような古い木製の大きな観音扉が出迎え、ガラス越しに中の様子を覗き、ワクワクしたのを覚えています。

小さな雑貨店のような室内。きれいにディスプレイされたイヴレスの製品には、新鮮さを感じました。こだわったデザインで、高級感があり、使い勝手もよさそう。何より、品質にムラがないので、しっかりした品質管理がされていると直感しました。これなら大丈夫。ぜひお願いしようと、初対面の山川さんを前に、取り組みを即決しました。

こうして、イヴレスがパートナーとなり、13年夏から我々との共同作業が始まりました。

中之島のホテルには、レディースフロアを設けることが決まっていました。私の所属部署は男性スタッフが多いので、どうしても男性的な視点に偏る傾向にあります。そこで、自称「ホテルマニア」と語る山川さんや、イヴレスの女性スタッフの皆さんと何度もミーティングを重ね、女性のお客様に喜んでいただける「おもてなし」を考えていきました。

次に開業を控えた京都・新町は、当然、宿泊客の大半が国内外の観光客と想定され、「京都らしさ」と「日本らしさ」をどのように表現するかが大きな課題でした。また、そのうち半数以上が女性のお客様と予想され、大阪・中之島の計画とは違った「おもてなし」を考えることが必要となりました。

安田真樹さん プロフィール

1988年、株式会社三井不動産ホテルマネジメント入社。同年、三井ガーデンホテル柏の開業にて管理・人事・購買部門の業務に携わる。その後、船橋ららぽーとの管理支配人、千葉の宿泊支配人に従事した後、2008年、新規事業担当マネージャーとして、札幌・大阪プレミア・京都新町 別邸・柏の葉の開業に携わる。

プロ目線とお客様目線を両方持っているからこその発言。お節介ですよ！ と言いたくなるほど、情報を提供してくれる

西陣織を備品の一部に使用するというアイデア

　14年3月、「三井ガーデンホテル京都新町 別邸」が開業を迎えました。

「京都らしさ」と「日本らしさ」の表現として、京都を象徴する西陣織を備品の一部に使うというアイデアが、卓上ミラーやキャッシュトレイで実現されました。ホテルの女性スタッフからも好評で、「客室でご利用いただくだけでなく、おみやげとして販売したい」という意見が出ました。私自身も一番のお気に入りです。

「どこで買えるんでしょうか？」

　そんな質問をお客様からいただいたとき、ご要望にお応えできないのはもったいない。だったら最初から販売も視野に入れて作成しようと、おみやげ販売分も初期の計画数量に入れました。

　また、メモトレイとアクセサリートレイ、テレビのリモコン収納、この3つを合わせたステーショナリートレイも、イヴレスからの提案でともに開発した製品です。必要なモノがひとつにまとまり、コンパクトでスマートに仕上がりました。どこにもないモノを実現するユニークな発想に驚かされました。

　14年7月開業の「三井ガーデンホテル柏の葉」(千葉県柏市)は、三井不動産が推進するエコロジーな街「柏の葉スマートシティ」内に位置しています。

　そこで、客室内でも環境に配慮した取り組みができないかと相談したところ、「分別できるゴミ箱」の提案があり、採用しました。

　当然ですが、提案をもらっても計画から外れていくことも多々あります。

　そんな中、こちらの要望やコンセプトが具体化され、カタチとなり、満足しています。

「やってみないとわからない」という諦めない姿勢に脱帽

　14年12月に開業した「ミレニアム 三井ガーデンホテル 東京」はミレニアムホテルズ・アンド・リゾーツの日本初進出となるため、私も力が入りました。

　従来のホテルで使用している備品は客室になじむ色調がほとんどでしたが、今回は逆に、客室のイメージカラーを主張する案が上がり、サンプル作りが始まりました。

「客室のアクセントになっている赤紫を、水回りとクローゼットの主役にするのはどうかしら？」

　そんな山川さんの発言から、レジン製の泡ソープディスペンサーやティッシュケース、ハンドクラフトを使ったバスケットなど、カラフルな備品ができ上がっていきました。

　特に、バスケットは、多目的な用途を持つ新しい客室アイテムとなりました。また、製作は被災地支援の一環として、東日本大震災で被災された工場に依頼しました。こうしたアイデアが出るのもイヴレスならではと思いました。とても感心させられました。

　山川さんとお話ししていると、ふと気付かされることが多いです。さまざまなホテルに宿泊する人はたくさんいますが、素人目線では、問題点や新しさに気付かず、見過ごしてしまいます。でも、彼女はいつも、プロ目線とお客様目線の両方を持ってホテルに宿泊し、発言している。私たちが現地に行かなくても体験とともに情報提供し

ミレニアム 三井ガーデンホテル 東京のハイグレードルームのみのために作成したコーヒー＆ティーセット収納。

てくれるので、とても助かります。時には、お節介ですよ！と言いたくなるところもありますが。

ホテル業界が長い私たちなら最初から無理だろうと諦めかねないことも、「やってみないとわからないから」と率先して行動する。いつも、後押しされている感じがします。

14年4月、三井ガーデンホテルズすべての客室にティッシュケース、そして、一部の客室にゴミ箱を新調しました。ここでもイヴレスと度重なるミーティングがありました。でき上がった製品は、現場で実際にオペレーションを行うスタッフにも好評で、私もうれしかったです。

今後もさらにミーティングを重ね、新規計画はもちろん、全館で使える共通品も同時に開発していきたいと思っています。

安田真樹さんってこんな人

三井ガーデンホテルズは開業が続き、打ち合わせ回数も数えられなくなって来た。いつも、わざわざ大阪までやって来てくれる。会議など、何のついでであってもうれしい。そして、ショールームに訪問のたび、小さな手みやげを持ってきてくれる。心配りが半端ではない。決まって名門の菓子だったり、行列して買う人気の品が多い。社内はみんな、安田さんのファンであることは間違いない。

また、洋服、持ち物、音楽、お酒、どれをとっても面倒なほどこだわりがある。そんなこだわりを楽しく仕事に反映させ、次々に安田さん肝いりの製品ができ上がって行く。まさにコラボレーション。

年ごろが近いにもかかわらず、私は、よく飲むオジサンと思っている。特に日本酒が強い。一緒に飲んでいるとペースを間違え、倒されてしまう。

安田さんの周りには、いい人が集まっている。プロフェッショナルな意識がなければ、安田さんの希望を叶えることは難しい。そんな仲間はよく集い、よく飲む。まるで一昔前の映画製作のように、ホテルをみんなで議論する。理論武装は日々の仕事で培ったモノ。それは誰も同じ。笑ってしまうようなシーンがいつも存在し、その意識の高さに驚かされる。

三井ガーデンホテル大阪プレミア

MITSUI GARDEN HOTEL OSAKA PREMIER

街に漂うムードを紫のアクセントと艶感で表現。

ディレクトリー
W250 × H330

ダストボックス
W255 × D255 × H315

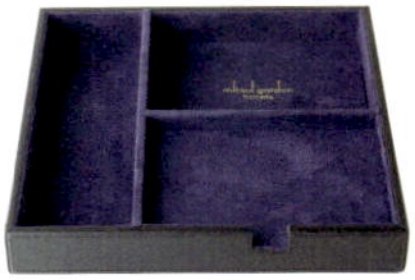

ステーショナリートレイ
W245 × D250 × H35

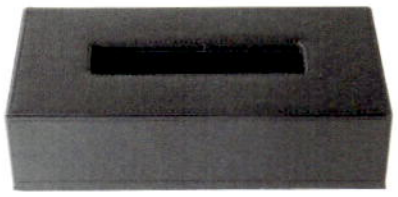

ティッシュケース
W260 × D135 × H70

ティーセットケース
W165 × D85 × H65

靴べら＆スタンド
W80 × D60 × H250
靴べら L 600

タンブラートレイ
W200 × D100 × H20

泡ハンドソープディスペンサー
W70 × D70 × H175

ティッシュケース／バス用
W135 × D135 × H105

ダストボックス／バス用
W140 × D140 × H165

清潔で整ったコーディネートは、
ホワイトとシャンパンゴールドの「四角」がポイント。

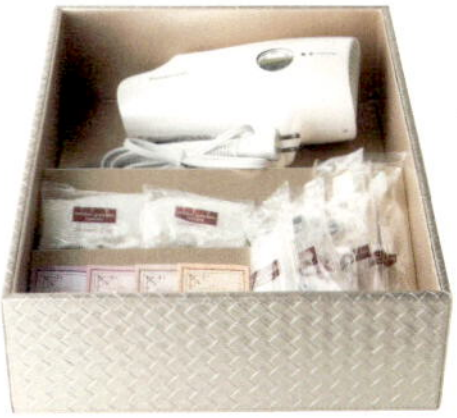

アメニティ＆ドライヤートレイ
W290 × D415 × H105

mitsui garden hotel
Osaka
Premier

三井ガーデンホテル
大阪プレミア

ADDRESS：大阪府大阪市北区中之島 3-4-15
TEL：06-6444-1131
FAX：06-6444-3103
http://www.gardenhotels.co.jp/osaka-premier/

三井ガーデンホテル京都新町 別邸

MITSUI GARDEN HOTEL KYOTO SHINMACHI BETTEI

贅沢な西陣織を加え、京都らしさを強調。

キャッシュトレイ
W215 × D130 × H10

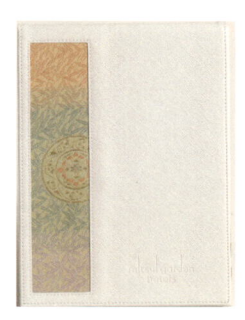

折り畳みミラー
W180 × D250

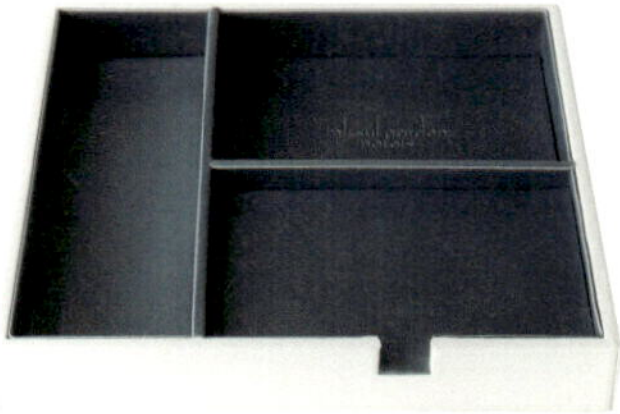

ステーショナリートレイ
W245 × D250 × H35

ティッシュケース
W260 × D135 × H70

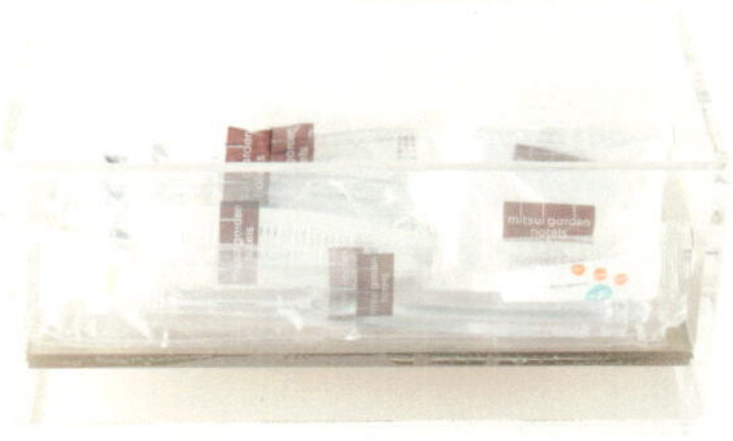

アメニティトレイ
W235 × D125 × H110

ぴったり収まる収納アイテムは、
引き出しを開ける一瞬に込めた「おもてなし」。

mitsui garden hotel
Kyoto Shinmachi Bettei

三井ガーデンホテル
京都新町 別邸

ADDRESS：京都府京都市中京区新町通
六角下る六角町 361 番
TEL：075-257-1131
FAX：075-257-1133
http://www.gardenhotels.co.jp/kyoto-shinmachi/

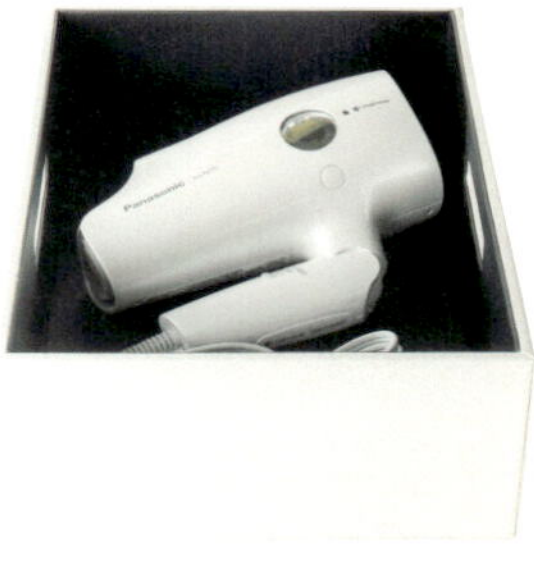

ドライヤートレイ
W240 × D340 × H110

タオルバスケット
W260 × D400 × H150

三井ガーデンホテル柏の葉

MITSUI GARDEN HOTEL KASHIWANOHA

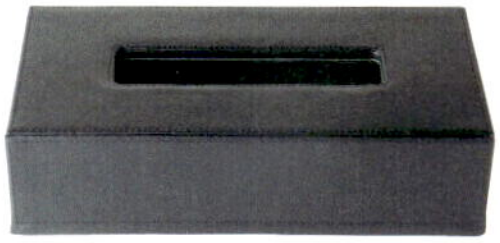

ティッシュケース
W260 × D135 × H70

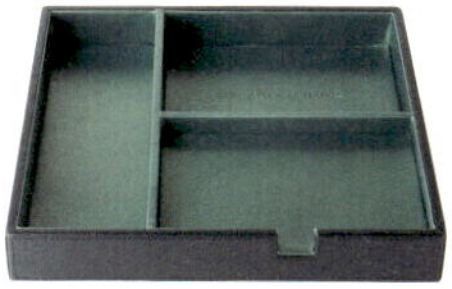

ステーショナリートレイ
W245 × D250 × H35

折り畳みミラー
W180 × D250

mitsui garden hotel
Kashiwa-no-ha

三井ガーデンホテル
柏の葉

ADDRESS：千葉県柏市若柴 178-4
柏の葉キャンパス 148 街区 2
TEL：04-7134-3131
FAX：04-7135-3181
http://www.gardenhotels.co.jp/kashiwanoha/

エコロジーな街の
テーマカラーは、
〃柏の葉グリーン〃

分別ダストボックス
W345 × D290 × H335

地域の「色」を感じる
作り手の思いを込めたカラーバリエーション。

ミレニアム三井ガーデンホテル東京

三井ガーデンホテル京都新町 別邸

三井ガーデンホテル大阪プレミア

三井ガーデンホテル柏の葉

トレイにセットするボールペンは、
どの配色にも合わせやすいシンプルで機能的なもの。

ロゴ入りボールペン　L140

ミレニアム 三井ガーデンホテル 東京

MILLENNIUM MITSUI GARDEN HOTEL TOKYO

東京・銀座に描き出したのは、上質で気品を感じるアイテム。

泡ハンドディスペンサー
∅ 90 × H145

ティッシュケース
W140 × W140 × H60

タオルトレイ
W200 × W148 × H25

タンブラートレイ
W260 × D100 × H20

多目的バスケット
W300 × D300 × H120

ディレクトリー
W255 × H330

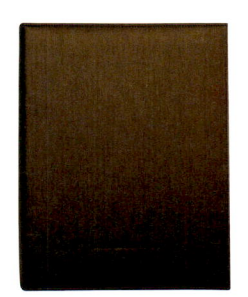

ティッシュケース
W300 × D300 × H120

ステーショナリートレイ
W245 × D250 × H35

Millennium
Mitsui Garden Hotel
Tokyo

ミレニアム
三井ガーデンホテル 東京

ADDRESS：東京都中央区銀座 5-11-1
TEL：03-3549-3331
FAX：03-3248-1255
http://www.gardenhotels.co.jp/millennium-tokyo/

ダストボックス
W255 × D255 × H315

ベイシン用ダストボックス
W180 × D180 × H200

「女性らしさ」の代表、
白いサテンリボンハンガー。

Photo : Shinichi Tanaka

バスケットは、被災地で一つ一つ手作りされた
ハンドメイドのアイテム。

Photo : Shinichi Tanaka

Photo : Shinichi Tanaka

WORKS
of
IVRESSE

PART 5

Photo : Shinichi Tanaka

INTERVIEW

株式会社ホテルニューアワジ
代表取締役社長
神戸ベイシェラトン ホテル&タワーズ
（株式会社ホテルニューアワジ神戸）
代表取締役社長

木下 学さん

プラスアルファの提案やアドバイスと細やかな気配りがデザインに表れている

小さなモノに「おもてなし」の力を感じた

　新しいホテルができると、勉強を兼ねてできるだけ宿泊者として利用するようにしています。当時一番の話題だった東京ステーションホテルに泊まったとき、客室内に置かれている備品が目に留まりました。「いいなぁ。どこのメーカーだろう?」。小さなモノに「おもてなし」の力を感じました。ふと、備品を手に取り裏を返してみると、「IVRESSE」と小さく刻印がありました。

　いくらいい箱(建物)を作っても、ディテール(備品)で手を抜いていると、お客様に違和感を与えてしまうことがあります。そうした意味で、東京ステーションホテルで見たイヴレスの製品は建物をフォローする細やかな気配りが、処々に感じられました。

　そのときの印象が頭の中にずっと残っていて、インターネットで検索したら、イヴレスが大阪の会社であることがわかりました。つてをたどり、一度イヴレスにお邪魔してみようと思いました。それが山川さんとの初めての出会いでした。

　東京や大阪でバリバリとビジネスをされている彼女は、会う前は、上から目線で話されるのかと思っていましたが、逆に丁重に私を迎えてくれたのが印象的でした。確かに歯に衣着せぬ物言いで思ったことをストレートに話しますが、裏表のない方と魅力を感じました。

　ホテルニューアワジグループでは、旅館・ホテルのグループ展開をしていく上で、私が考える「おもてなし」をともに作ってくれるパートナー企業を探していました。間に人が入ると伝えたいことを理解してもらえないストレスがありますので、イヴレスとは直接取引することが理想と思いました。初めての訪問にもかかわらず、私がお願いしたのは、「当社の施設は10軒ありますので、全部見て感想を聞かせて欲しい」ということでした。まずは実際に見て、感じたところをストレートに聞きたかったのです。

　イヴレスと仕事をして感じることは、私たちがオーダーしたことをしっかりと実現し、プラスアルファの提案やアドバイス、そして細やかな気配りがデザインに表現されていることです。今では必ず素晴らしいものとして仕上げてくれるという安心感があります。

　イヴレスの魅力のもう一つは、モノを作るだけではなく、それも含めて心地いい空間を作るためのアドバイスをしてくれるところです。ホテルのヘビーユーザーである山川さんはお客様の視点で、我々が気づかないことをどんどんと指摘して、改善策まで提案してくれる。そういうアドバイスは仕事の範疇を超えていますが、嫌な顔一つせずにインスペクションを買って出てくれます。そんなふうに別の視点が加わることは、ホテルにとって有り難いことです。

ブランド価値を高めるため これからも協力してもらう

　ホテルニューアワジグループは現在、旅館・ホテル併せて10軒の施設があり、それぞれのコンセプトに基づいて運営しています。一方で、グループとしてのブランド・コンセプトも作っていかなければなりません。その一環として、ブランドを表現する商品開発も必要と感じていました。

　そんな中、イヴレスに相談してシャンプーやコンディショナー、ボディソープをオリジナル商品として作ってもらうこと

モノを作ることだけではなく、
仕事の範疇を超えてまで
空間づくりのアドバイスをしてくれる

にしました。当グループは淡路島が発祥の地ですので、「淡路島」をキーワードに商品開発を依頼しました。試行錯誤の結果、淡路島周辺の豊かな海の恵みを表現した海藻エキスと、淡路島が生産量全国1位を誇る香をイメージした伽藍の香りを配合したオリジナル製品ができ上がりました。

　ぼんぼりのように丸く、柔らかな色のボトルデザインは、大浴場など場所を選ばず、その思いを伝える大きな役割を実現しています。

　これからも、さらなる「ここでしか買えない商品」を開発し、提供していきたいと考えています。旅館・ホテルにはショップや売店がありますが、そこに置かれている商品が高速道路のサービスエリアで売っている物と同じでは面白くない。売り上げが目的でなく、旅館・ホテルのブランド価値を上げることを目的とした商品開発を目指していきたいです。

　1年365日、あるいは人生数十年の中の、わずか1日、わずか数時間、わずか数十分のことですが、その日の思い出というのは一生記憶から消えないものです。そのお手伝いをするのが我々の役目ですから、印象に残る商品やサービスをこれからも提供していきたいと考えています。僅差は大差、小さなことを積み上げて、お客様にとって大切なひと時を演出し、ご満足いただくことこそ旅館・ホテル業としての醍醐味と感じています。

　私たちの生きがいは、自分たちが作り上げたものをお客様に堪能してもらい、心から喜んでいただけること、それが次への大きなエネルギーとなります。

　常に止まることなく、進化することを大切にしながらやっていきたいです。そのためには、彼女がこれまで培ってきた「お客様からの目線」がとても頼りになります。どれだけ忙しくなっても偉くなっても、常に現場を大事にして、これからも何か新しい、お客様の喜びのための進化・革新みたいなことをともに見つけていきたいです。

f-shop by ivresse

世界中から厳選された婦人服や雑貨を展開するf-shop。神戸ベイシェラトンホテル＆タワーズ、そして六甲アイランドの街づくりの一環として誕生。神戸ベイシェラトンとイヴレスとのコラボレーションワークの第一歩。

Manabu Kinoshita

私たちの生きがいは、お客様の喜びのための進化・革新

木下 学さん プロフィール

淡路島出身。京都産業大学卒業後、大手ホテルグループ勤務。ウェイター、ベルボーイ、営業などの現場を経験後、株式会社ホテルニューアワジに入社。33 歳で取締役に就任。2011 年に株式会社ホテルニューアワジ神戸（神戸ベイシェラトンホテル＆タワーズ）の代表取締役社長。また 15 年 4 月より株式会社ホテルニューアワジの代表取締役社長に就任。

木下 学 社長ってこんな人

ホテルマニア！　2カ月に一度くらいのペースで、課題を決めてミーティングの機会を作ってくださる。白熱の2時間。

いつもうれしそうに、「これ、どうですか?」と、自前のタブレットに収納したホテル関連の画像のコレクションを見せてくれる。その自慢気な様子は、まるで少年の瞳のようにキラキラ輝き、いわゆるドヤ顔でチラ見。

旅館業の家に生まれ、自らも与えられた職責を楽しまれている。理想の事業承継と感じる。

多くのホテルや旅館を訪ね、発見を重ねたからこそ生まれるアイデアも実に豊富。

知識武装で負けないように、私もふだんから木下社長を意識して、画像のコレクションを増やしている。おかしい。

「自分のほうが知っている！」と競い合っているのだ。学生時代を思い出す。しかし、この小さな誇りの積み重ねこそ、木下社長の素晴らしさなんだと思う。決して誰彼に真似できることではない。３６５日、いつも働いている。仕事が最大の趣味であり、好きなこと。人生そのものだと感じる。

神戸ベイシェラトン ホテル＆タワーズ

KOBE BAY SHERATON HOTEL & TOWERS

洗練された雰囲気に、上品な彩りを添える。

コーヒー＆ティーセット収納
W 325 × D 255 × H 70

ジュエリートレイ
W 230 × D 130 × H 25

メモパッド
W 145 × D 165 × H 10

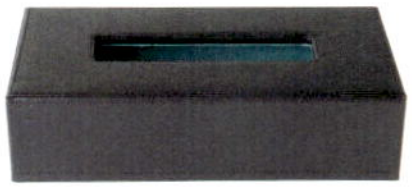

ティッシュケース
W 260 × D 135 × H 70

浴衣
S・M・Lサイズ

羽織
フリーサイズ

Sheraton
Kobe Bay
HOTEL & TOWERS

神戸ベイシェラトン
ホテル＆タワーズ

ADDRESS：神戸市東灘区向洋町中 2-13
（六甲アイランド）
TEL：078-857-7000（代表）
FAX：078-857-7001
http://www.sheraton-kobe.co.jp/

オリジナルバスアメニティ
700ml 入り

ホテルニューアワジ

HOTEL NEW AWAJI

淡路島の魅力をとじ込めたオリジナルバスアメニティは
全施設でゲストをお迎えする。

Hotel New Awaji
Group

ホテルニューアワジグループの施設一覧

ホテルニューアワジグループは、淡路島を中心に、神戸、琴平（香川県）に 10 軒のホテルを展開している。

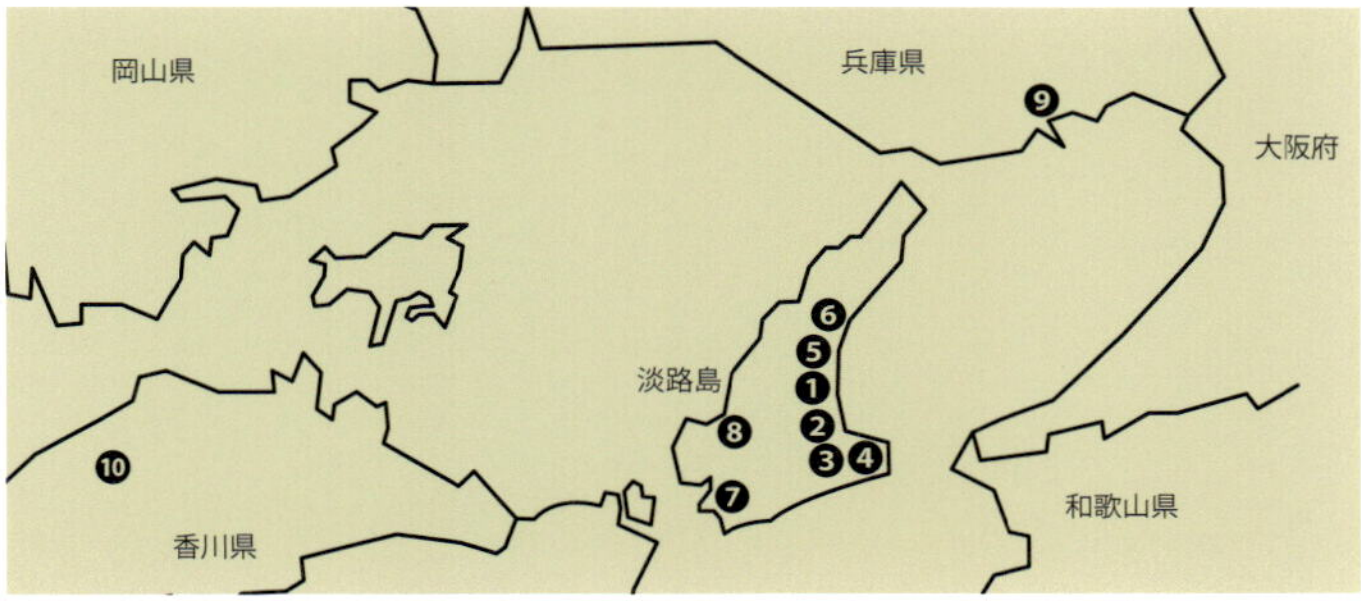

❶ホテルニューアワジ
兵庫県洲本市小路谷 20 番地 (古茂江海岸)
TEL. 0799-23-2200
FAX. 0799-23-1200
http://www.newawaji.com/

❷淡路夢泉景
兵庫県洲本市小路谷 1052-2 (古茂江海岸)
TEL. 0799-22-0035
FAX. 0799-24-0035
http://www.yumesenkei.com/

❸夢泉景別荘 天原
兵庫県洲本市小路谷 1052-2（古茂江海岸）
TEL. 0799-23-0335
FAX. 0799-24-0035
http://www.yumesenkei.com/amahara/

❹海のホテル 島花
兵庫県洲本市小路谷 1277-5
TEL. 0799-24-3800
http://www.shimahana.com/

❺渚の荘 花季
兵庫県洲本市小路谷 1053-16
TEL. 0799-23-0080
FAX. 0799-23-0083
http://www.awajihanagoyomi.com/

❻夢海游 淡路島
兵庫県洲本市山手 1-1-50(大浜海岸)
TEL. 0799-22-0203
FAX. 0799-22-5207
http://www.yumekaiyu.com/

❼ホテルニューアワジ プラザ淡路島
兵庫県南あわじ市阿万吹上町 1433-2
TEL. 0799-55-2500
FAX. 0799-55-2505
http://www.plazaawajishima.com/

❽あわじ浜離宮
兵庫県南あわじ市松帆古津路 970-81
TEL. 0799-36-3111（代表番号）
FAX. 0799-36-3113
http://www.awajihamarikyu.com/

❾神戸ベイシェラトン ホテル&タワーズ
兵庫県神戸市東灘区向洋町中 2-13
（六甲アイランド）
TEL. 078-857-7000　FAX. 078-857-7001
http://www.sheraton-kobe.co.jp/

❿琴平花壇
香川県仲多度郡琴平町 1241-5
TEL. 0877-75-3232
FAX. 0877-75-3235
http://www.kotohira-kadan.jp/

Photo : Shinichi Tanaka

多数の支持よりも、
分かってくれる人のためにモノ作りをする。

まるで 色とりどりのぼんぼりのよう。
ぼんやりと光を反射し、空間の一部となる。

Photo : Shinichi Tanaka

Photo : Gianni Hiraga

WORKS
of
IVRESSE

PART 6

INTERVIEW

オリジナル性の高い製品がエンドユーザーに高評価

株式会社 JTB 商事
チェーンホテル営業所 所長
大岡正人さん

株式会社 JTB 商事
執行役員旅館ホテル商事部長
和田 信さん

Masato Ohoka

大岡正人さん プロフィール

2000年入社（旧JTBトラベランド）、岡山営業所配属。旅館ホテル販売本部東京営業所、首都圏ホテル事業部第三営業部マネージャー、本社第一営業部営業4課長（現職、2013年より個所名称変更）、2013年4月、本社第一営業部チェーンホテル営業所長、現在に至る。

モノ作りに対するこだわりがとても強く、デザインのセンスも間違いがない

エンドユーザーのこだわりを受け止めた上でのモノ作り（大岡氏）

当社ではここ数年、話題を集めている日系大手ホテルの新規開業の仕事は、イヴレスとともに実現しています。客室のタイプによって材質やデザインが異なる備品を作ったり、小ロットでディテールにこだわった備品を作るなど、非常に手間のかかるワークですが、イヴレスに任せることで、私たちも、エンドユーザーであるホテル様も満足感が高く評価を得ています。

こうした案件でご一緒する以前から、お付き合いはありましたが、モノ作りに対するこだわりがとても強く、デザインのセンスも間違いがない。何事もスピーディーに対応してくれて、次々と新しい提案を出してくれる、そうした仕事ぶりを体験して、大型案件などのコンペに参加する際、パートナー企業としてイヴレスを選んでいます。

ホテル様からの難しい要望が出ても、イヴレスにお任せすれば安心していられます。普通のメーカーならできないと断るようなことも、最終的にはホテル様の思いを汲み取り実現していってくれます。多くの打ち合わせを重ね、理想のカタチに近づけていく、そんな過程を共有できるので、ホテル様のご担当者様にも楽しんでいただけているのではないかと思います。

昨今、大型ホテルであろうと、小規模の旅館であろうと、こだわりを持って備品づくりに取り組む傾向が強くなっています。イヴレスと仕事をする中で、そうしたエンドユーザーのこだわりをしっかりと受け止め、モノ作りをすることの大切さを再認識しています。

Makoto Wada

和田 信さん　プロフィール

1988年入社(旧JTBトラベランド)、水戸営業所配属。仕入開発部仕入開発部マネージャー、総務部次長、首都圏ホテル事業部第二営業部長を経て、2015年4月、執行役員旅館ホテル商事部長、現在に至る。

女性のユーザーとしての視点が如何なく生かされたイヴレスの製品

海外からのお客様に喜ばれる商品開発を

（和田氏）

　消耗品であるアメニティから、インフォメーションブックやダストボックスなどのあらゆる備品まで、私たちが取り扱っている商品は１８００種類を超えます。そうした中でも、イヴレス製品は、オリジナル性の高い点がエンドユーザーに評価されています。イヴレス製品には、女性ユーザーとしての視点が如何なく生かされており、今後増加が見込まれる女性のビジネス利用に向けても期待値が高まります。

　また、イヴレスは英国を代表する老舗ブランド「ローラ アシュレイ」とホテルカテゴリーにおいてライセンス契約をかわし、当社と協力してシャンプーやコンディショナーなどのアメニティ製品を今年（２０１５年）春から全国に向けて販売しています。

　でき上がった商品を見たとき、「これなら幅広い年齢層の女性客に喜ばれ、人気が出るだろう」と思いました。そうしたものを見つけ出す山川さんの眼力には、いつも驚かされます。

　東京オリンピック・パラリンピックが開催される２０２０年まで、東京都内のホテルは活況を呈するでしょうが、１９６４年の東京オリンピック後のようなことにならないとも限りません。現状でも海外からのお客様を積極的に取らなければ経営が厳しい宿泊施設もあります。

　そうした状況を踏まえ、当社としてもインバウンド向け対策に力を入れていこうと考えています。「日本らしさ」を取り入れて、海外からのお客様に喜ばれる製品をつくろうと日々研究しています。今後も山川さんをはじめとするイヴレスの皆さんとともに難しい課題に取り組んでいきたいと思っています。

「ローラ アシュレイ」のアメニティ

大岡正人さんってこんな人

本物のラガーマン。いつも、スポーツマンシップに乗っ取って、仕事をしている。粘り強い営業は、学ぶところが多すぎる。大岡さんの存在がなければ、今の私は、また別の方向だったかも知れない。不良品から始まったイヴレスとのビジネスを、マイペースにしのぎ、次々と新しい機会を与えてくれた。

お客様への謝罪文も一度や二度ではない。無知な私は、その立派な謝罪文と理由書にいつも驚かされていた。謝罪と言うのは、書面にすればこうなるのだ。幾度となくその謝罪文と理由書に助けられ、危機を免れた。

信頼から始まる。大岡さんの手法で行けば、パートナーはみんな彼のために熱心に働くと思う。期待を裏切らないようにしよう。不思議とそんな感情が芽生える。

和田　信さんってこんな人

「和田さんとだけは仕事はしたくない！」と宣言しながらも、なぜかいつも和田さんマターの仕事が舞い降りる。私たちには、不思議な運命の糸があるのではないかと、ふと思うときがある。年が近いせいか、話していて楽しい。

いつも焦っている。きっと、ずっと先まで、いろんなことが見えているのだと思う。だから、目の前のことすべてを急がなくてはと気持ちが逸る。その鋭い感覚はどこから生まれて来ているのだろうか？

人のことを見ていないようで、一番見ている。怖いほどその采配が当たっていたりする。私にはその感覚が神がかって見える。きっと何かが舞い降りて来ているのだ。「本当に？」と不思議に思うことも、後になればなるほどと思わされることが多い。

組織を作る。仕組みを変える。流れを呼ぶ。教えてもらったわけではないが、横で見ていると勝手に叩き込まれ、巻き込まれる。実力があるのだと思う。

ザ・キャピトルホテル 東急

THE CAPITOL HOTEL TOKYU

機能美を持った美しいルームアクセサリー。

ミニバー収納
W655 × D420 × H185

バーメニュー
W190 × H330

冷蔵庫伝票ホルダー
W117 × H185

インフォメーションバインダー
W275 × H330

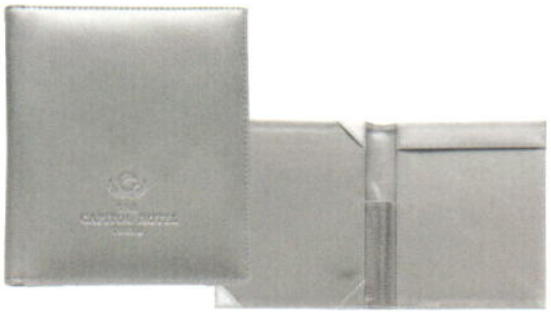

メモパッド
W140 × H175

ダストボックス
W270 × D180 × H270

THE
CAPITOL HOTEL
TOKYU
TOKYO

ザ・キャピトルホテル 東急

ADDRESS：東京都千代田区永田町 2-10-3
TEL：03-3503-0109
FAX：03-3503-0309
http://www.capitolhoteltokyu.com

パレスホテル東京

PALACE HOTEL TOKYO

美しく収納することで非日常を演出するカタチ。

ケーブルボックス / 蓋付き
W265 × D200 × H50

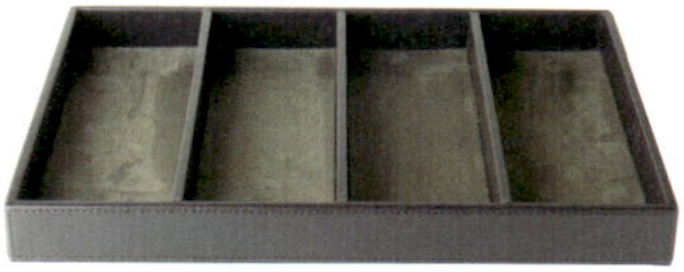

ケーブル収納
W345 × D245 × H35

ハーフサイズ ワインスタンド
W85 × D110 × H300

リモコンケース
W150 × D270 × H40

アメニティ収納
W150 × D335 × H90

トイレットペーパーボックス
W175 × D140 × H140

ソープディッシュ
W105 × D105 × H10

タオルトレイ
W330 × D150 × H15

PALACE HOTEL TOKYO

パレスホテル東京

ADDRESS: 東京都千代田区丸の内 1-1-1
TEL: 03-3211-5211
FAX: 03-3211-5219
http://www.palacehoteltokyo.com/

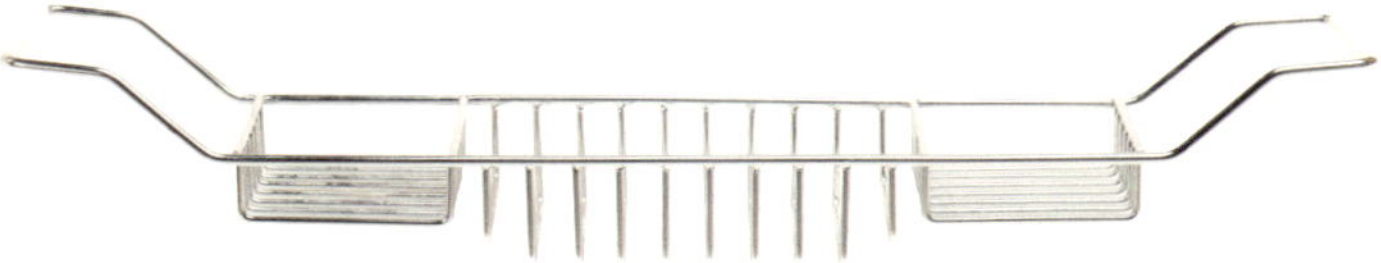

バスタブラック
W750 × D155 × H125

東京ステーションホテル
THE TOKYO STATION HOTEL

アンティーク感漂う小物が、滞在を楽しくする。

メモトレイ
W160 × D118 × H17

メモトレイ / ペンスタンド付
W181 × D118 × H17

ティッシュケース
W140 × D140 × H70

ジュエリートレイ
W170 × D170 × H30

ドライヤー収納
W270 × D170 × H190

ダストボックス
∅ 220 × H255

ディレクトリー
W255 × H320

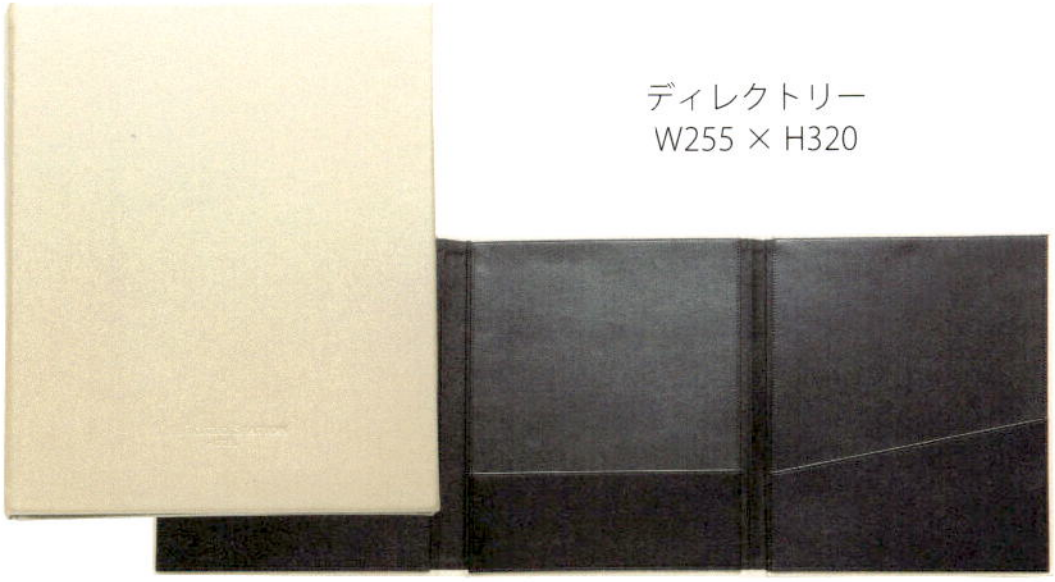

折り畳みミラー
W178 × H240

THE TOKYO STATION
HOTEL

東京ステーションホテル

ADDRESS：東京都千代田区丸の内 1-9-1
TEL：03-5220-1111
FAX:：03-5220-0511
http://www.tokyostationhotel.jp/

ティッシュケース / バス用
W135 × D135 × H105

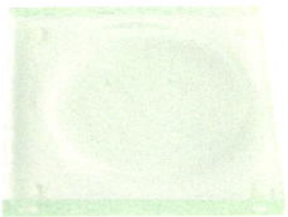

ソープディッシュ
W100 × D100 × H10

INTERVIEW

日本ホテル株式会社
東京ステーションホテル 取締役総支配人
藤崎 斉 さん

イヴレス製品は世界に誇れるレベル

小物もおもてなしの重要な要素

東京ステーションホテルのおもてなしの定義は明確で、「ふるまい」「装い」「しつらえ」の3つの要素で構成されています。すべてがバランス良くそろわなければ、本当のおもてなしとは言えません。

その中の「しつらえ」とは、ホテルの躯体であり、家具・備品であり、小物も含まれます。装置産業といわれるホテル・旅館業では、「しつらえ」の部分の重みがとても大きい。

特に、当ホテルは国の重要文化財の中ゆえの困難さがあります。文化庁の許可がないと、釘1本打てません。そうした制約の中で、この東京駅丸の内駅舎の保存・復原プロジェクトは進められました。

日本の洋風建築の代表作にふさわしいインテリアデザインであることが要求され、世界コンペの末、イギリスのインテリアデザイン会社、リッチモンド・インターナショナル社が基本デザインを担当することになりました。

この歴史的な建造物に似合うインテリアデザインを創り出すのは、相当にハードルが高かったと思います。それは、小物といわれるものも同様です。

「満足」というよりも「うれしい」

「この先100年も輝き続けたい」と、開業準備の段階から私たちはいつもそう言い続け、上質で洗練された空間を提供することにこだわってきました。しかし、当然予算が決まっているので、単に高い物を使えばいいというわけにはいきません。

リッチモンド社が創り出したデザインのフィロソフィーを私たちが理解し、それをパートナー企業様にお伝えして、ふさわしいものを私たちのために作ってもらうためには、どうしたらいいのか。小物などの制作過程では、当ホテルとパートナー企業様との間で妥協なきやりとりが繰り広げられました。

「しつらえ」の中でも、小物のようにお客様が直接触れられるものの完成度が高いことはとても重要です。使いやすくて、質感が良く、このホテルにふさわしくコーディネートされており、しかもストーリー性を感じさせる。

当ホテルとイヴレス様とで創り出した小物に対して、私たちの満足度は非常に高い。「満足」という言葉よりも、「うれしい」と言うほうが実際の気持ちに近いかもしれません。

いまも使い続けている小物が、私たちのおもてなしの3要素の一つである「しつらえ」を支えてくれています。一つひとつは小さいですが、そうした小物たちの完成度の高さが当ホテルを輝かせてくれているように思います。

まさにイヴレス製品は世界に誇れるレベルだと言えるでしょう。

バイプレーヤーの域を超えたメモパッド

原稿用紙の柄をあしらったメモパッドは、多くのお客様にご支持され、コメントもたくさんいただいております。バイプレーヤーの域を超えていると言えるでしょう。

ご用意したアンケート用紙ではなく、この原稿用紙メモパッドにコメントを書かれるお客様がたくさんいらっしゃいます。おそらくそのメモパッドにいろいろなストーリーを感じていただいているからでしょう。「私たちがお届けするのは、スペックではなくストーリーである」と常々ホテルのスタッフに言っています。このメモパッドは、それを体現しているのではないでしょうか。

私たちには開業当初から、小物に関してカタログ既成品を使うという発想はまったくありませんでした。もちろん参考にしたものはありますが、最終的にカタチになった小物は、このホテルが目指しているものや私たちの想いを、イヴレス様が汲んでクリエイトしてくれたからこそでき上がったものなのです。こうしたことは、誰にでもできることではありません。

我々のようにホテルで働く人間は、意外と他のホテルを見ることが少ないものです。山川社長をはじめとするイヴレスのスタッフの方々は多くのホテルを見ておられるので、我々とは比較にならない情報をお持ちでしょうから、今後もさまざまなご提案を期待しています。

そして、単にオーダーを出す側とサプライヤーという関係ではなく、フィロソフィーを共有し、一つのゴールに向かって良いモノを創っていく、長く続く本当の意味でのパートナーシップを築いていければと願っております。

藤崎 斉 総支配人ってこんな人

ひと言で言えば、格好いい人。ジェントルマン！ とにかく素敵！

私にとっては雲の上のような存在。なかなか直接お話しさせていただく機会も少ない。しかし、そんな私にすら、心配り満点。訪れる「東京ステーションホテル」での「おもてなし」に、いつも驚く。

言葉づかいも美しく、まるで現代国語の教科書のよう。私もこんな大人になりたいと思える人である。

藤崎 斉さん プロフィール

1956年東京都生まれ。立教大学経済学部卒業。東京ヒルトンインターナショナル（現ヒルトン東京）の開業スタッフとして入社。フロント支配人、宿泊支配人、海外エリアのコーディネーターなどを歴任。その後、ウェスティンホテル東京の副総支配人を経て、JALホテルズ執行役員営業本部長として国内外のマーケティング活動などに努める。2011年、東京ステーションホテル開業準備室室長として入社し現職。

Photo : Gianni Hiraga

分野という言葉がきらい。何系？ 私系だ。

Photo : Gianni Hiraga

WORKS
of
IVRESSE

PART 7

INTERVIEW

株式会社三田ホールディング
ウェスティンホテル東京
経理部購買課マネジャー

望月大輔さん

細かいことでも、難しそうなことでも、嫌な顔もしないで相談に乗ってくれる

取引先の社長と言うより知り合いのお姉さんみたい

山川さんとの出会いは15年ぐらい前でしょうか。昨年引退された、よねや商会の片岡さんがきっかけとなりました。

片岡さんは、当時まだ購買について経験が浅かった私に、消耗品関係についていろいろと教えてくださり、この業界に入ったときからの師匠みたいな方でした。イヴレスと当ホテルのお付き合いは、オーガナイザー・ポーチが始まりでしたが、「そのポーチを作ってるのがこの人なんだよ」と片岡さんが紹介してくれました。私と同様に山川さんもホテルの備品を手掛けるようになって、まだ日も浅かったころと思います。

初めてお会いしたときと現在、彼女の印象はまったく変わりません。私は、相手によって態度を変える人はあまり好きではありませんが、彼女は最初も今も何一つ変わりません。取引先の方で私のことを「モッチー」なんて呼ぶのは、片岡さんと山川さんぐらいしかいないんじゃないでしょうか。「モッチーは外資系ホテルで初めて仲良くなった人だから」と、何かにつけて気にかけてくれます。取引先の方と言うよりも、知り合いのお姉さんという感じでお付き合いさせてもらっています。

山川さんがホテルに泊まるのが好きなのを知ってからは、当ホテルもよく利用いただくようになりました。客室に入るとすぐ、どんなものを置いているかを必ずチェックして回ります。「これは前回と変わってるね」なんて、なかなか目ざといところもあります。

客室に入るとすぐにどんなものを置いているかを必ずチェックして回る

私が思っていることを察し的を射た提案をしてくれる

細かいことでも、面倒なことでも、相談に乗ってくれるのがありがたいです。それは、片岡さん譲りかも知れません。イヴレスの持ち味は、当ホテルだけのオリジナルを作ってくれることと、細かいところにも対応してくれること。国内すべてのウェスティンホテルで使っているボールペンやメモパッド、デスクマットなど、作ってもらっている備品は、多種多様です。

当ホテルの最上階にある鉄板焼「恵比寿」には、お客様が荷物を入れる革張りのカゴがありますが、実はランドリー用のカゴを流用したものです。椅子の高さに合っていて、見栄えの良いものがないかと探していたとき、ロットを考えいろんな場所で利用できるようにと細かい提案をしてくれました。

私が思っていることを先に察し、それが本当に的を射た内容で、結局、カゴはランドリー用という枠を超え、館内のさまざまな場所で活用しています。

本当にホテルが好きで自社の製品を愛している

当ホテルのホームページにも出ていますが、キラキラ光るきれいなオリジナルポーチがあります。僕がちょうど担当から外れたとき、別の担当者が「特別な感じのするポーチの作成」という課題を上司から指示され、お付き合いのあった他業者さんから多数のサンプルを取り寄せていました。

しかし、いくらサンプルを出してもらっても、上司がなかなか納得せず、担当者は困り果てていました。その後、担当者が異動になり、ポーチの作成は私が引き継ぐことになりました。

振り出しに戻ったポーチ。まずイヴレスに相談してみようと、経緯などを話したら、後日いくつものサンプルを作って来てくれました。仕事が渋滞していた分、納期もタイトになり、イヴレスには多くのしわ寄せがありましたが、上司も納得してくれるポーチができ上がり、私としてはホッとしました。

セントレジスホテル大阪開業のとき、同じグループということで、購買関連の手伝いに行きました。大阪にいることを連絡したら、彼女はすぐに飛んで来てくれました。僕に会いに来てくれたのかと思ったら、「客室見せて欲しい！」と言うのです。そして、「これは私が作ったのよ」と。本当にホテルが好きで、自分たちが作ったものを愛しているのだなと思いました。

情報に敏感でセンスの良い方なので、時流を感じるホテルのトレンドなら山川さんに聞けばわかります。これからも、パートナー企業として頑張ってもらいたいです。

イヴレスのおかげで上司も納得してくれるポーチができ上がった

望月大輔さんってこんな人

望月さんは、お客様と言うより友達に近い。何でも話せる。たぶん、望月さんも同様に、そう思っている？

購買一筋、購買博士。私もそんな博士の目線で、たくさんの意見を聞かせてもらった。

共通の知人友人も自然と増える。双方から紹介し合うからだ。

仕事に対するモチベーションの保ち方や、テンションの上がり方が似ているのかも知れない。

若かりしころも今も大の車好き！　車の話をしているときが一番面白い。

ふだんとのギャップが、聞く方をより楽しくさせている。

望月大輔さん　プロフィール

コロラド州立大学日本研究学部卒業後、開業年の 1994 年にウェスティンホテル東京へ入社。宿泊部サービスエキスプレス課にてホテリエとしてのキャリアをスタート。1 年半でサービスエキスプレス課キャプテンに昇格。97 年より経理部購買課に異動となり、2009 年から現職。

ウェスティンホテル東京

THE WESTIN TOKYO

ディテールの表現は、細やかな気遣いそのもの。

アメニティポーチ
W190 × D60 × H95

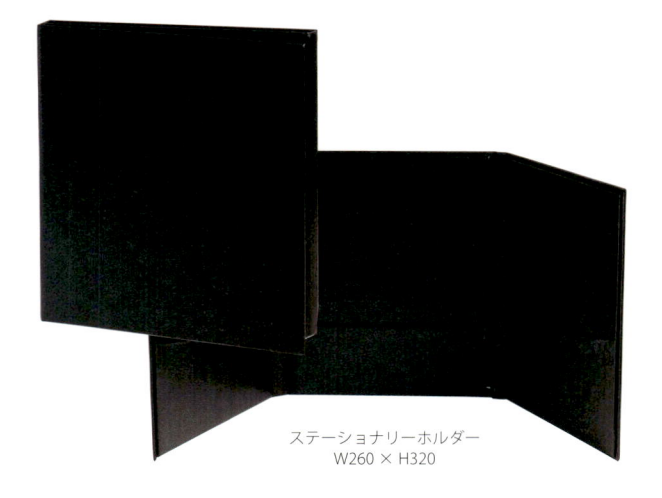

ステーショナリーホルダー
W260 × H320

メモトレイ＆ボールペン
W175 × D155 × H20

手荷物かご
W425 × D335 × H300

ランドリーハンパー
W420 × D320 × H460

THE WESTIN
TOKYO
ウェスティンホテル 東京
ADDRESS: 東京都目黒区三田 1-4-1
TEL: 03-5423-7000
FAX: 03-5423-7600
http://www.westin-tokyo.co.jp/

Photo : Gianni Hiraga

WORKS of IVRESSE

PART 8

INTERVIEW

株式会社ニュー・オータニ
ホテルニューオータニ大阪
料飲部　レストラン・バーサービス課
統括支配人

神谷 尚さん

歯に衣着せぬ発言は大好きなホテルのことを思ってのこと

最初の出会いは客室内のメモパッド

仕事の都合でたまに当ホテルに泊まることがあるのですが、あるときふと、客室内で電話の横に置かれたメモパッドに目が留まりました。何となくですが、センスがいいなぁと思ったので、翌朝、「このメモパッド、どこから仕入れているんですか?」と客室の支配人に聞くと、「イヴレスさんからですよ」と返ってきました。後日、同支配人に山川さんを紹介してもらい、ディナーショーに来てくださったお客様に、記念に持ち帰っていただけるようなものを提案してほしいとお願いしました。２００８年ごろだったと思います。

すると後日、メニューにプラスアルファの機能を持った多数の提案が出てきました。

私は今、料飲部に移りましたが、昨年までは営業推進課で販売促進や企画の支配人を務め、主にディナーショーやブライダルなどを担当していました。中でもクリスマス・ディナー&コンサートは、当ホテルにとってオープン以来、非常に大切にしているイベントで、出演されるアーティストの方々に気持ちよくステージに立っていただけるよう、そして何よりお客様に喜んでいただけるようにと、ステージ作りや装飾、料理、そして細かな制作物に至るまで全力で良いものを準備しています。

メニューカバーを普段使いしている方に出会った喜び

２００９年から毎年、クリスマス・ディナー&コンサートでは料理の献立やホテルの紹介を差し込むメニューカバーを依頼しています。

差し込む印刷物の内容が決まり、刷り上がるのがいつも

「メニューカバーがディナーショーの会場にセットされて、お客様に喜んで持ち帰っていただけることを楽しみにしている」

開催直前とギリギリなので、イヴレスのメニューカバーに差し込む作業が徹夜になることも多く、毎年頑張って完成させてもらっています。でも、メニューカバーを届けてくれるスタッフの方に「これがディナーショーの会場にセットされて、お客様に持ち帰っていただけることを私たちも楽しみにしています」と言われ、いい会社だなと思いました。

ブックカバータイプのメニューカバーを実際に使ってくれている人を電車の中で見たと、山川さんから聞いたことがあります。私も館内でお客様が持たれているのを見たことがありましたが、彼女からそんな話を聞いた数日後、出張先の新幹線の中で偶然隣席の方が、２０１０年のメニューカバーを使っておられ、とても驚きました。その年のメニューカバーは、出演いただくアーティストの方が男性の場合はネイビー、女性の場合はピンク、そして、しおりの金具部分には25周年の文字が象られていました。勇気を出して「すみません、このカバーはどちらで?」と話しかけると、「ホテルニューオータニ大阪のディナーショーに行って、そのときにもらったんです」と返して来られました。こちらが企画したモノを普段使いしてくださっているのを目の当たりにして、とてもうれしかったです。

ホテル業界全体を底上げするぐらいの気持ちで

「こんなものはお客様が喜ばないから絶対に駄目です!」など、歯に衣着せないストレートな物言いに、最初のころは「この人、無茶苦茶言う失礼な人だ」と思っていました。でも、そうした発言は、ホテルを利用するお客様のことを思ってのことであり、ひいては我々ホテルのためであることがだんだん伝わるようになりました。

彼女は依頼している僕らの機嫌を取ろうという気が一切ありません。そういうところが逆にいいと思っています。

結局は、お客様の喜びがホテルへの再訪を促す仕掛けとなります。

打ち合わせの際に雑談もするのですが、いろいろなホテルの情報を教えてもらっています。当ホテルのレストランで食事した感想なども伺います。たいてい怒られていますが（笑）。今後は、料飲部で使う制作物でも協力いただければと思っています。

ホテルを利用するお客様のこと、我々ホテルのための発言であることがだんだんわかるようになった

神谷 尚さん　プロフィール

1966年、大阪市生まれ。87年、株式会社ニューオータニ（現在、株式会社ニュー・オータニ）ホテルニューオータニ大阪に入社、料飲部レストラン・バーに配属。「レストラン アゼリア」「リストランテ・フォンタナ・ディ・オータニ」などに勤務後、2003年、中国料理「大観苑」マネージャーに就任。06年、営業本部営業推進課へ異動（イベント企画・レストラン販促などを担当）。11年、営業本部営業推進課販売促進支配人。14年、料飲部レストラン・バーサービス課統括支配人、現在に至る。

神谷 尚さんってこんな人

非常にクールに装ってる?紳士的で、スーツ姿が格好いい。ぜんぜんそんなふうに思ってないのに、「はい、承知いたしました」と返事をくださる。その割に、電話をしても、メールを送っても、返事は5回に1回もあればいいほど。私、図々しく話すから、きっと嫌われているのだろう。「神谷さん流」の仕事法で、ホテル内にどんどん新しさがプラスされている感じがする。

打ち合わせで訪れるたびに、ホテル様が主催するイベント告知を見る。意表を突く内容で、驚かされることもある。

素敵なホテルマンは、優秀なプランナーでもある。

クリスマス・ディナー＆コンサート会場のバンケットルーム「THE HŌ」

ホテルニューオータニ大阪

HOTEL NEW OTANI OSAKA

クリスマス・ディナー＆コンサートは、一年の最後の特別なご褒美。
毎年新しいメニューカバーとともに、新しい思い出が重なっていく。

2010

ブックカバータイプ
25周年記念チャーム付

2009

ブックカバータイプ
ステッチスタイル

2009–2014
Menu Cover Collection

2012

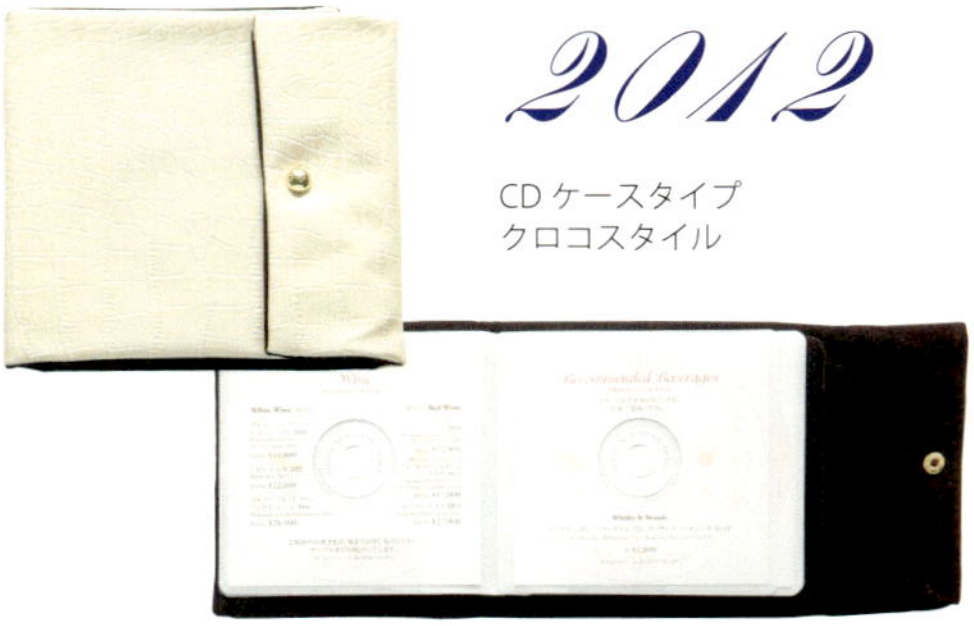

CD ケースタイプ
クロコスタイル

2011

フォトスタンドタイプ
メモ収納付

2014

カードホルダータイプ
ポケット付

2013

カードケースタイプ
ポケット付

The New Otani
ホテル ニューオータニ大阪

ホテルニューオータニ大阪

ADDRESS：大阪市中央区城見 1-4-1
TEL：06-6941-1111（代表）
FAX：06-6941-9769
http://www.newotani.co.jp/osaka/

IVRESSE COMMENT

メニューカバーの検品から出荷までの作業は、
イヴレススタッフにとって、
毎年恒例、一年で一番大きなお祭り。

みんな総出でメニューカードを挟む”内職”をすると、
「今年も師走だなぁ……」という感慨がわく。

株式会社 UHM
代表取締役
庭のホテル東京総支配人
木下 彩さん
×
山川景子

母親業も仕事も一切手抜きなし

ホテルと女性経営者と母親が私たちの共通項

庭のホテルが開業してちょうど1年ぐらい経ったころ、小さな女性経営者のランチ会で、山川さんと出会いました。何度か顔を合わせるうち、自然と仲も良くなり、東京出張の際に当ホテルでご宿泊いただく機会もできました。私はホテルの経営者で、彼女はホテルの備品を扱っている会社の経営者。「ホテル」と「経営者」という二人にとっての共通項があり、話が合うのも当然と思いました。

二人ともお酒を飲んで、おいしい料理を食べて、お話しするのが大好き。ご一緒するうちに、共通項以外にもいろいろな点で近しいものがあると感じました。

彼女は男の子2人、私は女の子2人の母親。私の娘たちはすでに成人していますが、彼女は今も、母親業の現役。忙しいにもかかわらず、子供たちのお弁当をちゃんと作り、ご長男が中学校受験のときにはフォローもしながら、会社の仕事も手抜きせず取り組んでいました。

彼女は本当にホテルが好きなので、当ホテルに泊まって気づいたことを正直に話してくれます。その意見がお客様目線からなので、とても的確なのです。私も気になりつつも、予算の都合などで手を付けていなかったところをグサッと指摘し、さらにこうしたらいいのにと改善策まで提案してくれることもあります。

お客様目線からの的確な指摘がある

「朝食ビュッフェのコーヒーをお部屋に持ち帰れるようにすればいいんじゃない。そうすると、レストランでの滞在時間が短くなるけれど、お客様はお部屋での寛ぎ時間を増やすことができるもの。一石二鳥、テイクアウトカップでトライできるから、やってみたらいいのに」

そんな彼女の意見を受けて、コーヒーコーナーにテイ

Photo : Gianni Hiraga

Aya Kinoshita

クアウトカップの設置が始まりました。よくよく考えると、朝食ビュッフェの混み合う時間は、サービスにも工夫が必要です。部屋に戻りコーヒーを楽しんでいただくと、こちらも助かります。とてもいいアイデアと思いました。

彼女の良いところは、お客様目線を大事にしていること。「これを売ると儲かる」というより、お客様がホテルで快適に過ごされるには何が足りないかというのを、まず考えてくれるのが素晴らしい。私も同様にお客様目線を大切にしてホテルを作っていますので、彼女に指摘されることはよくわかります。ただ、私にはホテルの経営者としての立場もありますので、予算などを含め悩むことも少なくありません。でも、彼女のアドバイスはコーヒーコーナーの例のようにコストが掛からない提案もあるので、トライしてみようという気にさせてくれます。

こんな提案もありました。ティッシュケースを新調するために、消耗品のコストを見直し、浮いた費用の中でくたびれて来た備品を買い替えてはどうかというものでした。早速、コスト見直しの計画を立てて、高いと感じていたルームスリッパを安価に仕入れる仕組みを作り、ティッシュケース新調分の費用を捻出してくれました。同じレベルのものを安く仕入れられるのは有り難い話。それに加え、備品などを買い直していくことができる。送られてきたルームスリッパは現状で使っていた物と並べてみても見劣りしない。しかも安い。彼女の提案を受け入れ、その年は念願だったティッシュケースを新調できました。捻出する費用は、毎年出てきます。その予算の中で、また何かを新調したり、加えたりできる。自分の利益よりも、まず宿泊客とホテルのことを考えてくれている点が有り難いと思いました。

私たち二人でホテルを作ったら面白いかも

女性経営者は、男性経営者と比較して、「この商売は儲かりそうだからやろう」というのではなく、「こんなサービスや商品があったらいいのに」ということからスタートしている場合が多い。そうしたお客様目線も含め、彼女と私には女性経営者としての感性で共通する点が多くあり、だからこそお互いにわかり合えるのでしょう。彼女は面白く、まったく偉ぶることもないので、一緒にいて楽しい。年に数回しか会えませんが、心がつながっていると感じます。

最近は、客室内の備品だけではなく、手掛ける仕事の幅もどんどん広がっているようです。

女性経営者は「この商売は儲かりそうだからやろう」というのではなく、「こんなサービスや商品があったらいいのになぁ」ということからスタートしている場合が多い。

お客様がホテルで快適に過ごされるには何が必要かを教えてくれるのが素晴らしい。

センスの良い彼女なら、どんなものでも挑戦し、女性ならではのビジネスを生み出すことができるでしょう。私たち二人で浪速テイストの「庭のホテル大阪」などを作るのも面白いかもしれません。彼女はしっかり芯がある人なので、もうこのまま突き進んで欲しいです。女性の社会進出のモデルとなる新しい経営スタイルを期待しています。

木下彩さん プロフィール

1960年東京都生まれ。82年上智大学外国語学部英語学科卒業。ホテルニューオータニに勤務後、結婚。グループホテルである静岡グランドホテル中島屋勤務などを経て、94年に株式会社東京グリーンホテル（現・株式会社UHM）に取締役として入社、翌年には代表取締役に就任。2009年5月に庭のホテル東京を新築オープンし、11年4月より同ホテル総支配人を兼務。

木下 彩さんってこんな人

非常に手ごわい。怖い印象がいつもあった。ホテル関連の仕事をしていて、女性社長というのは世の中が変遷する中でも、やはり珍しい。ホテル業界は、もてなす部分は女性が多いが、経営となれば完全な男性社会。そんな中を生きているせいか、普通に男性と渡り合える強さを自然と身に着けておられる。

たまたま出張に来られた大阪で、イヴレスのショールームに立ち寄ってくださった後、飛び入りで参加させてもらった食事会で「スピーチの練習」というお茶目な習いごとの内容を伺い、私が持っていた彩さんの印象を全部変えてしまった。どんなに立派になっても学ぶ気持ちがあり、前向きな姿勢を持つ。それこそ私が学ばなければいけない。

彩さんと出会い、着物という共通のキーワードを持てたことがうれしい。どんな会にも、いつも着物で来られる。ささっと10分もあればでき上がりなのだ。私は、そんな彩さんに影響され、着物の着付け教室に通うようになった。まだまだ一人で着ることはできないが、いつかきっとという思いがある。

常に和の文化を大事に、継承されている人生を私もしっかりと真似て行きたい。

庭のホテル 東京

HOTEL NIWA TOKYO

ドライヤーポーチ
W300 × H230

女性ならではの、しつらえ。

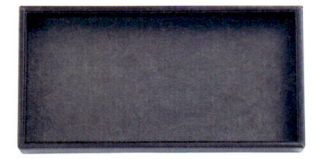

アメニティトレイ
W305 × D160 × H40

ティッシュケース
W150 × D140 × H70

庭 ルテホの庭
HOTEL NIWA TOKYO

庭のホテル 東京

ADDRESS: 東京都千代田区三崎町 1-1-16
TEL: 03-3293-0028
FAX: 03-3295-3328
http://www.hotelniwa.jp/

ルームスリッパ

WORDS of IVRESSE 5

家族

FAMILY

私にとって家族とは、仕事以上に大事な存在。長男誕生の日の幸福感以上の感情は、いまだかつて味わったことがない。すでに起業していた私にとっては、大きな壁であり、賭けであった。長男が誕生した日から、私の人生観は大きく変化した。仕事も自分の人生もすべて、子供たちが軸となり回転し始めた。立ち直れないほどの危機もあった。しかし、**主人の支えと、子供たちの成長が、私にとって大きな力となった。**家族がなければ、今のイヴレスは決して継続できなかったと思う。

Photo : Shinichi Tanaka

WORDS of IVRESSE 6

女性経営者

FEMALE EXECUTIVE

誰も男性のことを男性経営者と言わない。時代は移り変わる。私が生きた時代は、女性がビジネスの主役になるのは難しかった。若くして起業した私は、どこへ相談に行っても門前払い。「新しいことに挑戦する」、それを理解してもらうのに時間がかかった。特に生産には苦戦した。日本のメーカーで若い女性が頼み込んだからと、ともにリスクを負ってくれる企業などなかった。学や人脈がないというのは、悲しいこと。無知の極みである。商工会議所にすら所属していなかった私はただひとり、手探りで仕事を積み上げて行った。今から思えば、それが良かったのだと思う。**生きる強さを自然と身につけられた。群れても最後はひとりぼっちなのだ。**

Photo : Shinichi Tanaka

WORDS of IVRESSE 7

旅行
TRAVEL

20代半ばごろから海外に出ることが多くなった。海外に出たいから仕事を作った。行く先々で「日本にない、新しい！」を発見し、連れて帰って来た。私の中に留学やワーキングホリデーなどの選択肢はなかった。一人で生きていたので、お金がなかったからというのもある。１９９７年、バリ島のウブド地区に吸い込まれ、年に5回は訪れた。その後、中国本土に魅せられ、毎月のように渡航する年月が続いた。気に入った場所で、日本に発信できる仕事を作る。**私にとって旅行とは、いつも目的を与えられる場所だった気がする。**子育て中の家族旅行も、仕事での出張も、私の中では同じ旅行だった。

Photo : Shinichi Tanaka

WORDS of IVRESSE 8

日本

JAPAN

日本は美しい。世界のどこに出掛けても決して負けていない美しい国。日本的な美学や作法は、他国の誰もが尊敬してくれている。特殊な地理が寄与するのか、長い歴史を育む中で、他国とは違う独特な成長を遂げたように思う。封建的でありながら、異文化を即座に取り入れる柔軟性と、自由闊達さを兼ね備える。**自分の現在地はどこなのか？　見失ったら歴史を探ればいい。**誰に踊らされることなく何でも自分で決められる知恵を授かる。

日本はそんな道を歩んで来たと信じたい。

Photo : Shinichi Tanaka

WHAT'S IVRESSE?

グッドプロダクツを生み出すスタッフたち

作っているモノは小さなモノ。でも、そんな小さなモノにこそ客室を輝かせる仕掛けがある。
そう信じている IVRESSE のスタッフたちを紹介する。

秋晴れの空の下、オフィスの前に全員集合。
中国オフィスのスタッフも加わり、明るい笑顔がはじける

個性豊かなイヴレスのキー・スタッフたち

企画・デザイン部部長
プロダクト・デザイナー

大野 梨絵

RIE OONO

仕事はデザインと生産管理を担当しています。ホテルや旅館のイメージをもとに、それが置かれる場所や、中に入れられる物についても考慮したデザインを提案していきます。素材や色、形からお客様のブランドとしての整合性を持ちながら、さらに美しいインテリアのお役にたてるよう、あらゆるを方向性を考えていきます。そこが難しいところであり、面白いところ。一つのモノが完成するまでには、何度も何度も試行錯誤を繰り返します。とても大変ですが、お客様の思っていらっしゃるようなモノを作ることができて喜んでいただいたり、私からの提案でより新鮮になることができたときは、とてもうれしいです。

ですから、いつも気持ちを新たにして、仕事に取り組んでいます。

新卒で入社して以来、9年が経ちました。入社した当初、お客様とお話しすることが苦手でした。仕事を始めて間もないころにご一緒した方に最近お会いしたら、「しゃべられるようになったんだね。声出ているね」と、すごくびっくりされました。

言葉で伝えるだけでなく、視覚的なコミュニケーションを大切にしていきたいと思います。

プロフィール

大阪生まれ、大阪育ち。百貨店の和裁士だった祖母の影響で、幼少期より、ものづくりに親しむ。絵を描くことにも興味があったが、やはり祖母の影響で服飾の勉強を始める。短大課程卒業後、「上田安子服飾専門学校」入学、2006年イヴレス入社。2010年企画・デザイン部部長就任。

中国・青島事務所 総経理

陶国萍

TAO GUOPING

大阪本社からの指示を受けて、中国での新たな工場の開拓や生産管理が仕事です。

イヴレスで働くようになったのは14~15年前。日本留学から中国に戻って、結婚・出産を経た2年後に勤めていた貿易会社で、お客様だった山川社長と出会いました。山川社長はおしゃれで、個人的にすごく魅力的ですし、扱っている商品もきれいだなと思っていました。

山川社長から仕事を手伝って欲しいという依頼があり、喜んで受けました。青島事務所では責任者として、4人の部下を指導しています。大阪に来ることも頻繁にあり、こちらでの仕事を手伝うこともあります。

山川社長と一緒に仕事をしていて、ホテルのことがだいぶわかるようになってきました。そして、日本のホテルに置かれている商品のデザインや品質がとても気になってきました。

中国での生産をより確かなものとしていけるように頑張りたいと思います。

プロフィール

中国山東省・青島市生まれ。大学在籍中の1990年に結婚。91年日本へ。「パリ美容専門学校」入学。日本での生活は6年に及ぶ。その間、多数のアルバイトを重ね優れた日本語力を身に着ける。2001年イヴレス入社。10年イヴレス青島事務所総経理就任。1男の母でもある。

特販事業部 部長

村橋 明日香

ASUKA MURAHASHI

私たちの仕事は、ホテルに商品を納品したら終わりというわけではありません。消耗品の補充などはもちろん、「あのホテルにある商品はどこで買えるのか?」「相場はいくらぐらいか?」など、いろいろなことをホテルの方々から相談を受けることもあります。

知りたいことがあっても、ホテルで働く方々は忙しいので、街に出て調べるチャンスが少ない。そこで私たちの出番なのです。いろいろなホテルに出入りしていますし、外でいろいろな物を見ていますので、ホテルの方々に代わって調べることもあります。

私たちがいて良かったと思ってもらえる存在になりたいと願っています。

私たちがつくり出す小さなモノによって、ホテルがさらに魅力的になるよう、お手伝いをしていきたいと思っています。

プロフィール

東京生まれ、宮城県育ち。中学卒業後上京、デザイナーに憧れ「東京モード学園」に入学。2006年、さくらインターネット株式会社 入社。2008年 結婚を機に大阪へ移り住み、イヴレス入社。2013年 特販事業部部長就任。

「IVRESSE」はオーダーメイドの証。
心に残る７文字を目指す。

Photo : Gianni Hiraga

一本気なママへ、家族より

文・山川徳久

ママ、イヴレス25周年おめでとう！

若くして起業して、努力が実った喜びも、夜も眠れぬ苦労も、さまざまな紆余曲折がありましたね。

あれはいつだったか、「若いころよりも、サラリーマンの夫がいて、二人の息子がいて、ママとして頑張っている今が一番幸せ」と言ってくれたことがありますね。僕たち男三人は、頑張っているママのことをずっと応援してきました。いや、もとい、三人そろって、ずっとママの手間を取らせてばかりでしたね。

毎日、東へ西へと忙しいのに、「あくまで家庭中心」がママの口癖。でも、これは僕たちが求めたものではなく、ママが頑固に貫き通してきたポリシーです。

長男は休みの日に梱包を手伝ったことがありますが、家族は会社でのママをほとんど知りません。いま目を閉じると浮かんでくるのは、我が家の床を一生懸命に拭くママの姿です。とにかくゴシゴシと床を拭くのです。キッチン、リビング、風呂場……、僕たちが汚した床をゴシゴシと拭きまくります。

そして次に浮かぶ姿は、和室で正座をして洗濯物を畳む姿。服もタオルも今買ってきたばかりのようにピシッと畳みます。何ごとも１００％でないと気がすまない一本気は、おそらく家庭でも仕事でも一緒なのでしょう。

家事、塾の送り迎え、弁当作り……。時折、本当に疲れた顔を見せたとき、「学校には食堂があるのだから、弁当休みの日を作ったら？」と提案しましたが、断固として作り続けていますね。

若いころは作家志望だったママ。芸術、映画、音楽が大好きなのに、会社経営と主婦業のフル回転で、芸術鑑賞はずっとお預けですね。息子たちが成人して時間ができれば、自分のための時間を増やしてく

ださい。

いまホテル業界は、海外からのお客様が増えて活況と聞きます。「非日常を演出したい」という思いを込めたママの作品が、海外からのお客様をもてなし、快適なホテルライフを演出する一翼を担わせていただいていることは、とてもうれしいことです。

最後になりましたが、25年の節目に、このような立派な本を上梓できたことは、長年支えていただいたお客様、叱咤激励していただいた先輩諸氏、ともに励まし合った女性経営者のお仲間、社員の皆さん、多くの皆様のおかげです。家族も彼女とともに、皆様に感謝申し上げる次第です。一本気で日々全力投球のママの応援を、これからもよろしくお願い申し上げます。

山川 徳久 プロフィール

和歌山県生まれ。4歳から大阪育ち。毎日放送事業局事業部マネージャー。米国コーネル大学大学院修了。専攻はマーケティング。各種ジャンルの音楽、歌舞伎、落語、演劇、ミュージカルからストリートダンスまで、守備範囲は広い。大阪アーツカウンシル委員。

おわりに

何も無いから作ってしまおう、そう思い立って書籍作りが始まり、半年が経過した。なかなか思うように「つくる」が進まなかった。自分のこだわりが、作業を渋滞させていた。またもや多くの人に、迷惑をかけることになった。しかし、私はこの書籍作りの中で、喪失していた自信や、見失っていた自覚を再確認することができた。

「名前の無いカタチ
肩書の無いデザイン」

そう評価していたのは、誰でも無い、自分自身であることに気がついた。「女性経営者として成功しているじゃないですか」と言う人もいる。だが、私はずっとデザインやモノ作り、そして、おもてなしをカタチにしているという仕組みで評価されたいと願っていた。書籍作りの中で、過去を振り返り、心の整理がつき始めた。常に後ろ向きな思考が、自分の願いを邪魔すると同時に、何か足りないと欲する気持ちが仕事を成長させたのだと思った。

多くの人に「デザインやアイデアがいいよ」と言ってもらっているにも関わらず、デザインの世界で、ただ一つのタイトルも無い。誰の声にも耳を傾けず、エントリーすらしてこなかった。また、モノ作りという点においても、伝統工芸品や国内生産で無ければ、モノ作りと認められないことに嫌気がさしていた。トドメは、おもてなしをカタチにする？　あり得ない。常にコンプレックスを抱きながら、小さな館で引きこもっていた。私は繊細な心を持ち、トンネルを抜ける勇気さえ無かった。自分の中にあるちっぽけなプライドが自分自身の大きな隔たりとなった。

２０１４年秋、ＪＴＢ商事で面談の約束があった。

突然、「高級品はイヴレスがいいよ。やっぱり一つ抜けてるね」と和田部長が言った。真正面にイヴレスを評価してくれた。真っ白な商談室、私の中に驚きと嬉しさの両方があった。普段なら真逆に突き返すところ、素直に和田部長の言葉が心に突き刺さった。その瞬間、ボロボロと自分の殻が剥がれて行くのを感じた。ずっと迷走していたのは、私のせいだ。もう終わりにしよう。ここを出発点に、また新しいことに挑んで行こう。大きな開き直りかも知れないが、潔い気持ちが溢れ出た。

書籍作りも大詰めになったＧＷ、私は長男とともに「親子二人旅・東京編」を満喫していた。毎週訪れる東京も、旅行となれば行き先や行動も変わる。３日間の予定で出掛け、初日から東京タワーや増上寺、東京駅を巡った。２日目は朝から赤坂の友人宅を訪ね、午後には六本木ヒルズ、靖国神社と、仕事より忙しい計画をこなし、夕方には浅草寺にいた。長男と2人で人力車に乗り浅草の街を一周した。疲れ果てホテルに戻ったのは20時頃だった。

ベッドでゴロゴロしながらテレビを見る。普段なら夕飯の片付けに追われる時間だ。暇つぶしにリモコンを触り、チャンネルを変えていると、ふと「横綱白鵬」のドキュメ

Photo : Gianni Hiraga

ンタリー番組に気を取られた。白鵬の日々を追っているのだ。映像に力があった。見入ってしまった。

白鵬が言った。「横綱は勝たなきゃいけないんですよ。毎日、嘘の無い稽古を積み、本番に備えて行く。型を持ち、型にこだわらない、それが一番な大事なこと」

本当だ、白鵬の言うとおりだ。日々の努力なしに何も生まれない。私たちの本番は、納品を終えた翌日から始まる。訪れるお客様を本番の土俵と思い、精一杯のモノづくりをしていくのが「イヴレスの仕事」だ。心の中に「キラ星」が浮かんだ。

ドレメ洋裁学校を卒業した母に育てられた私は、いつも可愛らしいワンピースを着ていた。母が縫ってくれたワンピースが好きだった。夏はサラサラのサッカー生地、決まって胸のあたりに切り替えがあり、5センチ丈のフリルが挟んであった。そんな母の影響だったのか、洋裁とデザインを学ぼうと大阪モード学園に入学した。だが、早々に辞めてしまったのだ。学校で作りたいモノを見つけられなかった。ミシンが苦手だった。器用さは、母譲りとはいかなかった。学びが無かった分、試行錯誤が続いた。遠回りな道を自分で選択したのだ。基礎となるカタチを幾つも頭に叩き込み、自由に壊し、自分流を作っていった。私は、一人で黙々と「つくる」ことを楽しんでいた。

そんな自分の反省や今後の方向を作るきっかけとなった今回の書籍作りでは、多くを学び、多くの人に助けられた。誌面に登場いただくことに関しても、「NO」という返事は1通も無かった。

坂東治朗さんがすべての取材とインタビューを引き受けてくれた。カメラはヒラガノブオさん、田中振一さん、そして、主人の実兄　山川雅生さん。

書籍全体のデザインは、ヒラガノブオさんと根内俊哉さんの共作となったが、ヒラガさんは、この書籍作りのために何度も大阪に出向き、まるでイヴレスの一員のように過ごしてくれた。愛用の撮影機材とMACを持参し、繰り返し私の意向を変化させてくれた。大きな声、爆発的な動作、帰京された後の社内には、いつも不思議な寂しさが残った。ヒラガさんがそばにいてくれるだけで安心と思えた。また、オータパブリケイションズの武田雅樹さんが、全体の指揮に当たってくれた。生真面目な性格が私には心地よかった。ラストスパート、物凄い力を発揮してくれたイヴレスの大野梨絵と村橋明日香には、本当に感謝している。ありがとう。

誰かがふと、イヴレスの製品を手に取った時に、小さな感動と、非日常な感情を体感してもらえればいい。願いが夢になり、目標になった。これからも努力を重ねて行きたい。

２０１５年5月　山川景子

Photo : Gianni Hiraga

イヴレスは、自分たちのフィールドとして、ホテルを選んだ。
これからも、ずっとこのフィールドに存在していきたい。

ROYAL PARK HOTELS

SPECIAL THANKS

ロイヤルパークホテル 東京／株式会社イリア／セント レジス ホテル 大阪／ザ・リッツ・カールトン沖縄／株式会社 UDS ／新宿グランベルホテル／株式会社星野リゾート／株式会社三井不動産ホテルマネジメント／株式会社ホテルニューアワジ神戸（神戸ベイシェラトン ホテル＆タワーズ）／株式会社ホテルニューアワジ（ホテルニューアワジグループ）／株式会社 JTB 商事／ローラ アシュレイ ジャパン／ザ・キャピトルホテル 東急／東京ステーションホテル／パレスホテル東京／ウェスティンホテル東京／ホテルニューオータニ大阪／株式会社 UHM（庭のホテル東京）

著者プロフィール

山川　景子

イヴレス株式会社　代表取締役

大阪府生まれ。大阪市在住。ミニコミ誌「レディースキャンバスライフ社」を経て、フリーライターに。1990 年起業。1995 年事業内容を変更し現在のイヴレス株式会社に。2001 年中国・青島市に進出、事業所「衣普麗姿公司」を開設。2014 年「大阪市女性活躍リーディングカンパニー」に認証される。2000 年結婚。男児２人の母親でもある。

イヴレス株式会社の概要

所在地　　大阪市中央区内淡路町 1-3-2

設立　　1990 年５月

TEL：06-6944-1411　FAX：06-6944-1400　URL：http://www.ivresse.jp/

イヴレスの仕事《イヴレスノシゴト》

名前の無いカタチ　肩書の無いデザイン

2015 年７月 10 日　第１刷発行

著　者　　山川　景子　with　週刊ホテルレストラン

発行者　　太田　進

発行所　　株式会社オータパブリケイションズ

〒104-0061 東京都中央区銀座 4-10-16 シグマ銀座ファーストビル3F

販売課 フリーダイヤル 0120-047-911（9：30 ～ 17：30 土日祝除く）

http://www.ohtapub.co.jp

印刷・製本　富士美術印刷株式会社

撮影：ヒラガノブオ／田中振一／山川雅生　　デザイン：ヒラガノブオ／根内俊哉

インタビュー取材：坂東治朗

ISBN 978-4-903721-51-4　定価はカバーに表示してあります。
